解析力学の基礎

これでわかった!

安里光裕 著

技術評論社

$$\dot{p}_i = -\frac{\partial H}{\partial q_i}$$

質点

$$\frac{d}{dt}\left(\frac{dL}{d\dot{q}_i}\right) - \frac{\partial L}{\partial q_i} = 0$$

はじめに

　解析力学は、大学の学部や、高専の高学年、または、専攻科の講義などで初めて登場する科目です。それまでに勉強してきたニュートン力学とは異なり、解析力学は非常に難しく、よくわからないまま講義が終了してしまったり、あるいは、自力で勉強してもなかなか理解できずに途中であきらめてしまった学生も多いかと思います。

　また、解析力学を学んではいないけれども、専門科目や卒業研究などで、ラグランジュの運動方程式やハミルトンの運動方程式など、よく理解できていなくても、それらを扱う必要性に迫られている人も多くいることでしょう。

　本書は、そのような方々に、「これなら解析力学が少しはわかりそうだ」「解析力学をしっかり勉強してみようかな」と思っていただけるように、その基礎を取り扱ったものとなっています。解析力学の中に出てくるラグランジアンやハミルトニアン、そして、これらに関係する運動方程式に少しでも慣れ親しんでいただき、解析力学を学ぶための基礎を身に着けていただければ幸いです。

　本書を書くにあたり、株式会社技術評論社の皆様には企画から編集に至る全てにおいて本当にお世話になりました。心より感謝いたします。

2010 年 06 月
安里　光裕

Contents

第1章
解析力学の基礎を学ぶための準備　7

- 1.1　運動の法則 8
- 1.2　仮想仕事の原理 11
  - コラム● 身近にある解析力学の例 14
  - コラム● 微分と積分の順序 14
  - コラム● ダランベールの原理のすごさ 24

第2章
ラグランジュの運動方程式　29

- 2.1　ニュートンの運動方程式の変形
  　　（その1：運動量の導入） 30
- 2.2　ニュートンの運動方程式の変形
  　　（その2：運動量から運動エネルギーの形へ）............ 32
- 2.3　保存力 35
- 2.4　ニュートンの運動方程式の変形
  　　（その3：スカラー量の方程式）.................................. 38
  - コラム● スカラー量とベクトル量 39
- 2.5　ラグランジュの運動方程式 40
  - コラム● 微分方程式 46
- 2.6　座標の変換 49
- 2.7　極座標表示におけるニュートンの運動方程式 55
- 2.8　極座標表示におけるラグランジュの運動方程式 59
- 2.9　ラグランジュの運動方程式を用いた例 64
  - コラム● 単振動 66
  - コラム● ニュートンの運動方程式を用いた場合 68
  - コラム●『直交座標⇔極座標』 82

第3章
変分原理とハミルトンの原理　　83

- 3.1 　**汎関数と変分**　.. 84
  - コラム ● 極大・極小 85
- 3.2 　**オイラーの方程式**　.. 87
  - コラム ● 部分積分と置換積分 90
- 3.3 　**ハミルトンの原理（最小作用の原理）**　........................ 92
- 3.4 　**直交座標と一般化座標**　.. 95
  - コラム ● 3次元の極座標 101
- 3.5 　**一般化力**　... 102
- 3.6 　**一般化運動量**　.. 105

第4章
ハミルトンの正準方程式　　109

- 4.1 　**ルジャンドル変換**　.. 110
  - コラム ● 偏微分 113
- 4.2 　**正準方程式**　.. 114
- 4.3 　**ハミルトニアン**　.. 117
  - コラム ● 楕円って何だっけ？ 125
  - コラム ● 単振動と円運動 127
- 4.4 　**ハミルトンの原理**　.. 130
  - コラム ● 積分の復習 133
- 4.5 　**ポアソンの括弧式**　.. 134
- 4.6 　**正準変換**　.. 140
- 4.7 　**母関数と正準変換の関数**　.................................... 145

参考文献 157
索引 158
著者プロフィール 159

第 1 章

解析力学の基礎を学ぶための準備

> **ポイント**
>
> 　解析力学は，ニュートンの力学を，微分や積分などをはじめとする数学の手法を用いて表現し，第 2 章以降に登場するラグランジュの力学とハミルトンの力学により構成されます．ここでは，ニュートン力学について，高校で学んだことを復習することからはじめ，解析力学を学ぶために必要な基礎を理解していきましょう．

1.1 運動の法則

　まずは高校までに学んだ物理のひとつの分野である力学（力と運動について）を思い出しましょう．

　力学といえば，ニュートンの運動の法則が出てきます．3つの法則があり，第1法則で，物体に力が働かない場合はどうなるか？ということが述べられています．「物体に力が働かない場合（または，物体に力が働いていれば，それらの和（合力）が0の場合），その物体は静止，または，等速直線運動する」というもので，慣性の法則と呼ばれています．

1-1 運動の法則

第2法則は，物体に力が働いた場合はどうなるか？ということが述べられています．力が働くと，物体は加速し，力 F，物体の質量 m，および加速度 $\boldsymbol{a}$ の間には次の関係があり，<u>運動方程式</u>と呼ばれています．

$$ma = F \qquad (1.1.1)$$

ここで，後々のために，式(1.1.1)を微分の形で表しておきます．位置ベクトルを直交座標で $r = (x, y, z)$ と表すことにすると，加速度は，時間 t の2階微分で表されますので，

$$m\frac{d^2 \boldsymbol{r}}{dt^2} = \boldsymbol{F} \qquad (1.1.2)$$

> 速度は1階微分

となります．

力の成分を $F = (F_x, F_y, F_z)$ とすれば，各成分において次のように表すことができます．

$$m\frac{d^2 x}{dt^2} = F_x$$

$$m\frac{d^2 y}{dt^2} = F_y$$

$$m\frac{d^2 z}{dt^2} = F_z$$

> それぞれの方向の（1次元の）運動方程式から，その方向の力や加速度の関係を求めることができ，速度や変位を求めることができます

第3法則は，2つの物体間に働く力の関係について述べられており，

> 物体 A が物体 B に力を加えると，物体 A は物体 B から，同一作用線上に同じ大きさで逆向きの反作用を受ける

というもので作用反作用の法則と呼ばれています．

> **ニュートンの運動の法則（まとめ）**
> 第1法則　慣性の法則：物体に力が働かないまたはつり合っている状態
> 第2法則　運動方程式：力に変化があった状態
> 第3法則　作用反作用の法則：及ぼした力（作用）とは逆向きに同じ大きさの力（反作用）が生じた状態

1.2 仮想仕事の原理

慣性の法則によると，物体が静止しているときは，その物体に力が働いていない，または，力が働いていたとしても，全体として合力が0となります．後者の場合，物体に働いているそれぞれの力がつり合っているといいます．

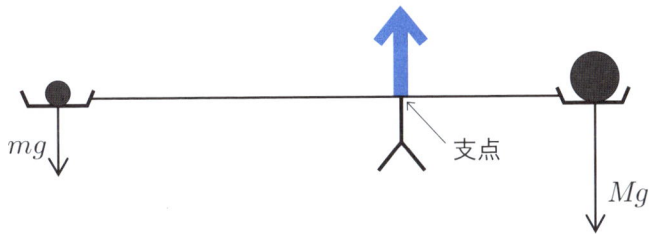

質量 m, M の鉛のかたまりを皿において，
支点があるところにいくと同じ高さになり，
止まった＝つり合っている

ここで，物体に働く（複数の）力を F_1, F_2, F_3…，それらの合力を F とすると，

$$F = F_1 + F_2 + F_3 + \cdots = \sum_i F_i \quad (1.2.1)$$

であり，合力が0ですから

> **→参照**
> Σ はギリシア文字でシグマと読み，数列の和をあらわす記号として定義されます．右辺の i に1以上の整数を順次代入して加えていくという意味です．

$$\boldsymbol{F} = \sum_i \boldsymbol{F}_i = 0 \qquad (1.2.2)$$

となります.

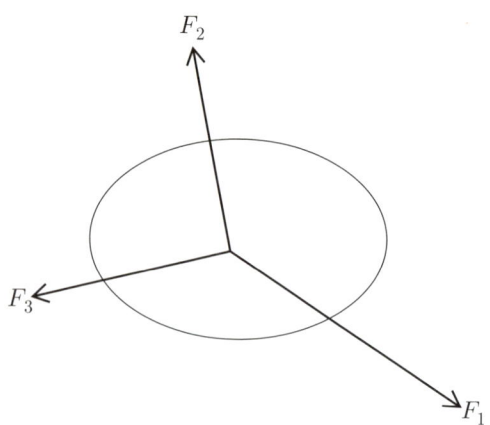

　今,力のつり合いの状態にある質点(大きさを考えない物体)の位置を$r=(x, y, z)$とします.つり合いの位置rから,質点をわずかにδrだけ動かしてみると(頭の中で)想像してみます.実際には動かしませんので,これを仮想的に動かすと表現し,わずかな変位(微小変位)δrを仮想変位と呼びます.このとき,変位は微小であるため,つり合いの位置rで物体に働いていた合力Fは変化しないとみなすことができます(つまり,$F=0$のまま).したがって,物体を仮想的にわずかに動かしたことによる仕事δWを考えると,

$$\delta W = \boldsymbol{F} \cdot \delta \boldsymbol{r} \qquad (1.2.3)$$

となります.

> 参照
>
> わずかにδrとは,力Fが変化しないような無限小の変位を考えるという意味です.δ(デルタ)は無限に小さいことを表すために用いられる記号です.

右辺の合力 F は，$F=0$ ですから

$$\delta W = \bm{F} \cdot \delta \bm{r} = 0 \qquad (1.2.4)$$

つまり，力のつり合いの状態にある場合，任意の微小な変位に対する仕事が0になると考えることができます．これを仮想仕事の原理といいます．

ここで，位置ベクトルを $r=(x,\ y,\ z)$，力ベクトルを $F=(F_x, F_y, F_z)$ と成分表示すると，(1.2.4) の仮想仕事の原理は，次のように表すことができます．

$$F_x \cdot \delta x + F_y \cdot \delta y + F_z \cdot \delta z = 0 \qquad (1.2.5)$$

覚えておこう！

> 参照
> "仮想"とは，実際には起こらないことも含めて，"勝手に（自由に）いろいろと考えてみる"ということを意味し，解析力学ではよくこの表現が使われます．

公式1-1 仮想仕事の原理

$$\bm{F} \cdot \delta \bm{r} = 0$$

$$F_x \cdot \delta x + F_y \cdot \delta y + F_z \cdot \delta z = 0$$

微小変位に対して垂直に作用する力は考えなくてもよい．

身近にある解析力学の例

　力のつり合いに関する問題は，私たちの身近なところでは，ビルや橋，自動車や航空機などの建築物や構造物の強度設計において重要となってきます．これらが荷重（力）を受けたときに生じる応力や変形などを解析するための力学を扱う分野に，材料力学や構造力学がありますが，これらの分野では，仮想仕事の原理は極めて重要な原理のひとつとなっています．

微分と積分の順序

s, tの関数$f(s, t)$について，次の式を見てみましょう．

$$\frac{d}{ds}\int_a^b f(s, t)dt = \int_a^b \frac{\partial}{\partial s}f(s, t)dt$$

この式が成り立つことをここできちんと理解しておきましょう．

(i) 左辺

$\int_a^b f(s, t)dt$ ：s, tの関数$f(s, t)$をtについて積分しているので，sだけの関数．

⇩

$\dfrac{d}{ds}\boxed{\int_a^b f(s, t)dt}$ ：sの関数なので，sで微分．

(ii) 右辺

$\dfrac{\partial}{\partial s}f(s, t)$ ：s, tのうち，sについてのみ微分するので偏微分$\dfrac{\partial}{\partial s}$

⇩

$\int_a^b \boxed{\dfrac{\partial}{\partial s}f(s, t)}dt$ ：s, tの関数をtで積分．

仮想仕事の原理を用いて実際に力学の問題を解く場合を考えてみましょう．ほとんどの場合，物体は3次元空間を自由に動けるわけではなく，糸に固定された物体や，面上を動く物体などのように，決められた軌道を動くように糸の張力や垂直抗力などで制約を受けます．このような，動きを制約する力を拘束力（または束縛力）と呼びます．多くの場合，振り子に働く糸の張力や，面上を動く物体に働く垂直抗力のように，拘束力は微小変位に対して垂直に働き，仕事が0となります．このような場合は，微小変位に対して垂直に働く力を除いた仮想仕事の原理を用います．

⊕参照

拘束力は，"法的拘束力"などのように，動きや行為を一定の範囲内で制限する力という意味で用いられます．

次のような場合を考えてみましょう．

練習問題 1-1

天井から長さ l の糸を用いて物体を吊るし，水平方向右向きに力 f を加えたところ，糸と鉛直方向とのなす角が θ の位置で物体は静止した．

このとき，仮想仕事の原理によって満足する式を導け．

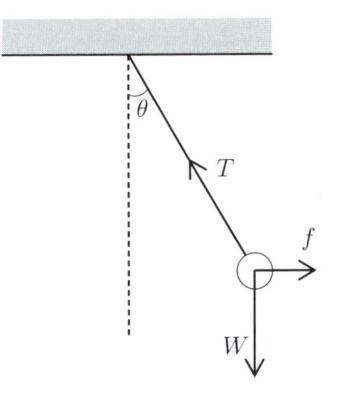

解 答

物体には，外力 f，重力 W，糸の張力 T が働いており，それらはつり合っていますので，合力 F は，

$$F = f + W + T = 0 \tag{1.2.6}$$

となり，仮想仕事の原理は次のようになります．

> (1.2.6) を (1.2.4) へ代入する

$$F \cdot \delta r = (f + W + T) \cdot \delta r = 0 \tag{1.2.7}$$

ここで，糸が切れなければ，物体は半径 l の円弧上の決まった軌道のみしか動くことができないので，糸の張力 T は，拘束力となっています．

> 物体を引っ張っている糸に働いている力．糸がたるんでいるときには，働かない

張力 T と物体の微小変位 δr は常に垂直になりますので，糸の張力 T による仕事は 0 となります．

$$T \cdot \delta r = 0 \tag{1.2.8}$$

ここで，(1.2.7) を (1.2.6) へ代入すると，

$$(f + W) \cdot \delta r = 0 \tag{1.2.9}$$

となり，この場合の仮想仕事の原理は，拘束力 T 以外の力のみ考えれば良いことがわかります．

このように，拘束力と微小変位が垂直の場合，拘束力のする仕事は0となりますので，拘束力以外の力の和をF'とすると，仮想仕事の原理は，

$$F' \cdot \delta r = 0 \qquad (1.2.10)$$

となります．

練習問題 1-2

質量 $m[\mathrm{kg}]$ の物体を天井から長さ $l[\mathrm{m}]$ の糸で吊るし，水平方向右向きの外力 $f[\mathrm{N}]$ を加えたところ，糸が鉛直方向から角度 $\theta[\mathrm{rad}]$ となったところで静止している．このとき，仮想仕事の原理を利用して，外力の大きさ f を m と θ を用いて表せ．ただし，重力加速度は $g[\mathrm{m/s^2}]$ とする．

解答

水平方向右向きに x 軸，鉛直方向下向きに y 軸を考えます．力のつり合いにあるときの物体の位置を (x, y) とすると，仮想仕事の原理は，

$$F_x \cdot \delta x + F_y \cdot \delta y = 0 \quad (1.2.11)$$

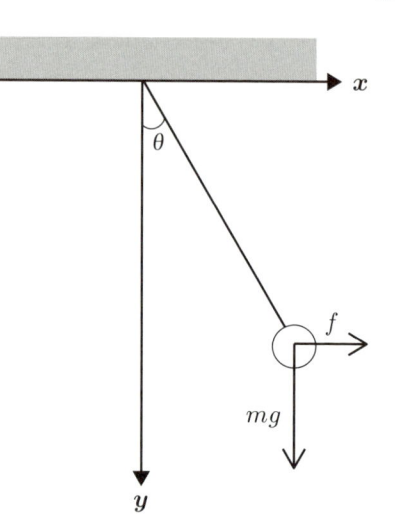

ここで，F は拘束力である張力以外の力を考えればよいので，$F_x = f$，$F_y = mg$ となり上の式 (1.2.11) へ代入して

$$f \cdot \delta x + mg \cdot \delta y = 0$$

両辺を δx で割れば

（後々のために，微分の形 $\dfrac{\delta y}{\delta x}$ を作っておきます）

$$f + mg \cdot \frac{\delta y}{\delta x} = 0 \quad (1.2.12)$$

ところで，物体は糸が切れない限り，半径がlの円弧上しか動くことができないため，次の関係式が成り立ちます．

$$x^2 + y^2 = l^2 \tag{1.2.13}$$

両辺をxで微分すると，

$$2x + 2y\frac{dy}{dx} = 0$$

（xで微分しているので他の変数は定数とみなす）

となるので，

$$\frac{dy}{dx} = -\frac{x}{y} = \tan\theta$$

（移項して両辺を$y\,(\neq 0)$でわる）

したがって，(1.2.12) に

$$\frac{\delta y}{\delta x} = \frac{dy}{dx} = -\tan\theta$$

を代入して

$$f + mg \cdot (-\tan\theta) = 0$$

$$f = mg\tan\theta$$

この程度の問題であれば，拘束力である張力Tを考えて，Tをx成分とy成分に分解し（ベクトルの分解），物体に働く力のつり合いを考えればfを容易に求めることができます．しかしながら，拘束力を考えなくて済むこと，さらに，ベクトルの分解をしなくて済むという点において仮想仕事の原理は，手間のかかる問題を簡単にしてくれます．

1.3 ダランベールの原理

1.2では，物体が静止している状態を考えましたが，ここでは，物体が運動している状態を考えましょう．物体が運動している場合でも，等速直線運動の場合は，慣性の法則より，物体に働く合力が0となりますので，**1.2**と同様になります．ここでは，加速度運動している場合，つまり，物体に働く合力が0でない場合を考えます．

等速直線運動と等加速度直線運動

●**等速直線運動** … 速さが一定

$x = vt$ (v：一定)

(等速度運動ともいう)

加速度が0

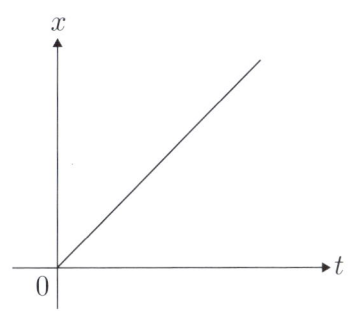

●**等加速度直線運動** … 加速度が一定

$x = v_0 t + \dfrac{1}{2} a t^2$

(v_0：初速度，a：加速度 $a > 0$ のとき)

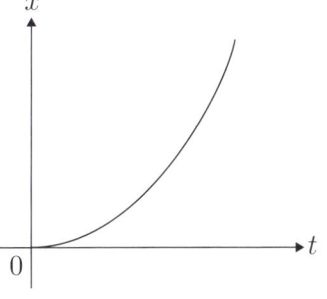

運動の第2法則より，質量 m の質点に外力 F が作用して加速度 a で運動しているときには，次の式が成り立ちます．

$$ma = F \qquad (1.3.1)$$

これを変形すると

$$F - ma = 0 \qquad (1.3.2)$$

となります．

ここで，左辺第2項 $-ma$ をひとつの力と考え，$F - ma$ を合力として考えると，上の式 (1.3.2) は力のつり合いの関係式とみなすことができます．

高校の物理でも出てきましたが，$-ma$ は**慣性力**と呼ばれ，質点とともに加速度運動する座標系で現れます．これは，加速している電車の中で静止している人や荷物を見た場合や，人工衛星の中での無重力状態に対応しています．例えば，人工衛星の中では，人や物体に働く地球からの引力と慣性力（この場合，人工衛星は地球の周りを円運動しているので遠心力となります）がつり合っています．

→ 参照
(1.2.2) の形
$\sum F = 0$
になります．

→ 復習
座標系には，直交座標系，極座標系，円筒座標系などがありました．
たとえば，直交座標系において，x 方向に加速度運動する電車の中の物体の運動では，x 方向に慣性力が現れます．

　このようにして考えると，加速度運動していても，慣性力を考えることによって，力のつり合いの問題として考えることができます．これを<u>ダランベールの原理</u>といいます．
　式 (1.3.2) を微分の形で書くと次のようになります．

$$\bm{F} - m\frac{d^2\bm{r}}{dt^2} = 0 \qquad (1.3.3)$$

これを用いると，仮想仕事の原理は次のようになります．

$$\left(\bm{F} - m\frac{d^2\bm{r}}{dt^2}\right)\cdot\delta\bm{r} = 0$$

ダランベールの原理（まとめ）

加速度運動しているときに働く慣性力を含めた合力を力のつり合いの問題とする．

$$F - m\frac{d^2 r}{dt^2} = 0$$

ダランベールの原理を用いた仮想仕事の原理

$$\left(F - m\frac{d^2 r}{dt^2}\right) \cdot \delta r = 0$$

ダランベールの原理のすごさ

物体に働く力や加速度が時間とともに刻々と変化するような場合は，ダランベールの原理による力のつり合いの式は，各時間ごとに成り立っていると考えます．また，この原理は，ひとつの質点だけでなく，いくつかの質点からなる質点系や，形のある物体（連続体）についても成り立ちます．

ダランベールの原理を用いることによる利点は，拘束力を考えることなく，その系の運動方程式を容易に立てることができることにあります．

1-3 ダランベールの原理

練習問題 1-3

$f(x, y) = 0$ で表される2次元の曲線上を加速度運動する質点に作用する外力 F のうち、運動方向（曲線）に対して垂直な方向に働く拘束力以外の全ての力を F' とする。適当な関数 λ を用いて質点の運動方程式が次のように表現されることを示しなさい。

$$m\frac{d^2 x}{dt^2} = F'_x - \lambda \frac{\partial f}{\partial x}$$

$$m\frac{d^2 y}{dt^2} = F'_y - \lambda \frac{\partial f}{\partial y}$$

解答

ダランベールの原理と仮想仕事の原理（公式1-1）を用いると、

$$\left(F'_x - m\frac{d^2 x}{dt^2}\right)\delta x + \left(F'_y - m\frac{d^2 y}{dt^2}\right)\delta y = 0 \quad \cdots ①$$

が成り立ちます。ここで、質点は、

$$f(x, y) = 0 \quad \cdots ②$$

の束縛条件を満たすように仮想変位させるので、f の微小変化は、x 方向、y 方向それぞれの微小変化を考えることにより

$$\partial f = \frac{\partial f}{\partial x}\delta x + \frac{\partial f}{\partial y}\delta y = 0 \quad \cdots ③$$

となります。

③に λ をかけて①に加えてまとめると、次のようになります。

$$\left(F'_x - m\frac{d^2x}{dt^2} + \lambda\frac{\partial f}{\partial x}\right)\delta x + \left(F'_y - m\frac{d^2y}{dt^2} + \lambda\frac{\partial f}{\partial x}\right)\delta y = 0 \quad \cdots ④$$

ここで例えば，次のように，

$$F'_y - m\frac{d^2y}{dt^2} + \lambda\frac{\partial f}{\partial x} = 0 \quad \cdots ⑤$$

④の左辺第2項の（ ）が0となるように，λを決めると，④は次のようになります．

$$\left(F'_x - m\frac{d^2x}{dt^2} + \lambda\frac{\partial f}{\partial x}\right)\delta x = 0 \quad \cdots ⑥$$

任意の仮想変位δxに対して（δx, δyのうち，どちらか一方は自由に決めることができます．どちらか一方を決めれば，②よりもう一方が決まります），⑥が成り立つためには，

$$F'_x - m\frac{d^2x}{dt^2} + \lambda\frac{\partial f}{\partial x} = 0 \quad \cdots ⑦$$

となります．したがって，⑤，⑦を変形して求めるべき式が得られます．

$$m\frac{d^2x}{dt^2} = F'_x + \lambda\frac{\partial f}{\partial x} \quad \cdots ⑧$$

$$m\frac{d^2y}{dt^2} = F'_y + \lambda\frac{\partial f}{\partial y} \quad \cdots ⑨$$

この手法は，<u>ラグランジュの未定乗数法</u>と呼ばれており，束縛条件②，および，⑧，⑨を連立することにより，ある時刻における加速度およびλを求めることができます．初期条件が与えられていれば，速度や変位を求めることもできます．また，⑧，⑨の右辺第2項は各方向における拘束力の成分になっています．

練習問題 1-4

水平面とのなす角が θ のなめらかな斜面上を質量 m の質点が滑り降りるとき，物体の運動方程式をダランベールの原理を用いて（練習問題 **1-3** の式を用いて）求めよ．また，このとき，物体が斜面から受ける垂直抗力も合わせて求めよ．ただし，重力加速度は g とする．

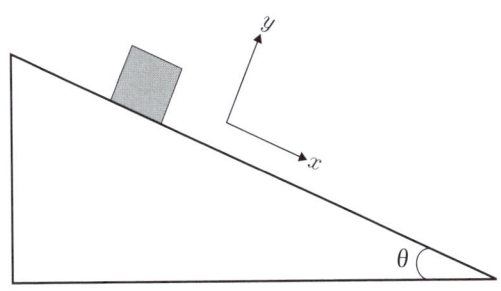

解答

図のように，物体の運動方向（斜面と平行な方向）を x，斜面に垂直な方向を y とします．

物体は斜面上を滑り降りるので，束縛条件は，次のようになります．

$$f(x, y) = y = 0 \quad \cdots ①$$

垂直抗力は拘束力となっており，それ以外の力 F' は，物体に働く重力 mg のみです．

したがって，F' の x 方向，y 方向の成分 F_x，F_y はそれぞれ次のようになります．

$$F_x = mg \sin \theta$$
$$F_y = -mg \cos \theta$$

また，

$$\frac{\partial f}{dx} = \frac{\partial y}{\partial x} = 0$$

$$\frac{\partial f}{dy} = \frac{\partial y}{\partial y} = 1$$

より，x 方向の運動方程式から，運動方向に対する物体の運動方程式は

$m\dfrac{d^2 x}{dt^2} = F'_x + \lambda \dfrac{\partial f}{\partial x}$ より，

$$m\frac{d^2 x}{dt^2} = mg\sin\theta$$

また，方向の運動方程式は

$m\dfrac{d^2 y}{dt^2} = F'_x + \lambda \dfrac{\partial f}{\partial x}$ より，

$$0 = -mg\cos\theta + \lambda\frac{\partial f}{\partial x}$$

となります．$\lambda \dfrac{\partial f}{\partial x}$ は拘束力であるので，

$$\lambda \frac{\partial f}{\partial x} = mg\cos\theta$$

より，垂直抗力 $mg\cos\theta$ が得られます．

第2章 ラグランジュの運動方程式

ポイント

　解析力学に出てくるラグランジュの運動方程式をニュートンの運動方程式からスタートして導いてみましょう．ここでは，ラグランジュの運動方程式とラグランジアンというものに慣れることが目的です．

2.1 ニュートンの運動方程式の変形（その1：運動量の導入）

ニュートンの運動方程式

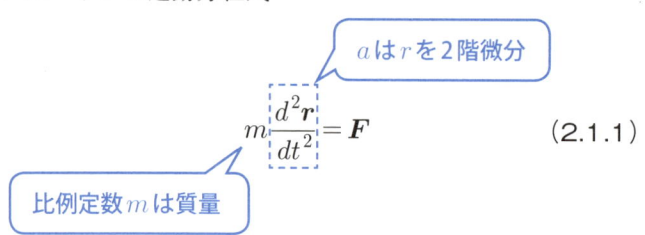

$$m\frac{d^2\boldsymbol{r}}{dt^2} = \boldsymbol{F} \quad (2.1.1)$$

（a は r を2階微分）
（比例定数 m は質量）

> **復習**
> $m\boldsymbol{a} = \boldsymbol{F}$
> a：質点の加速度
> F：力
> 運動の第2法則より、力は質量と加速度の積に等しい。さらに、加速度は位置（変位）r の時間による2階微分から求まりました。

の左辺は次のように変形することができます。

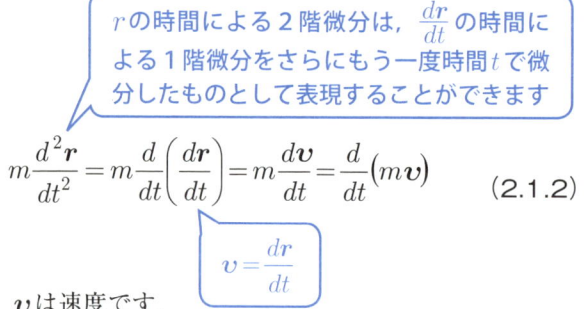

$$m\frac{d^2\boldsymbol{r}}{dt^2} = m\frac{d}{dt}\left(\frac{d\boldsymbol{r}}{dt}\right) = m\frac{d\boldsymbol{v}}{dt} = \frac{d}{dt}(m\boldsymbol{v}) \quad (2.1.2)$$

（r の時間による2階微分は、$\frac{dr}{dt}$ の時間による1階微分をさらにもう一度時間 t で微分したものとして表現することができます）

（$\boldsymbol{v} = \frac{d\boldsymbol{r}}{dt}$）

ここで、$\boldsymbol{v}$ は速度です。

$m\boldsymbol{v}$ は質量と速度の積ですから (2.1.2) は運動量を表します。したがって、ニュートンの運動方程式 (2.1.1) の左辺は、「質量と位置ベクトルの（時間による）2階微分の積」の形から、「運動量の（時間による）1階微分」の形へと変形することができることがわかるでしょう。

ここで、運動量を $\boldsymbol{p}$ とおくと、(2.1.2) は次のように表せます。

> **考え方**
> $P = m\boldsymbol{v}$

2-1 ニュートンの運動方程式の変形(その1:運動量の導入)

$$m\frac{d^2\bm{r}}{dt^2}=\frac{d\bm{p}}{dt} \qquad (2.1.3)$$

> 変数がたくさんありますが,右辺は運動量の1階微分となり,式が単純になっています

$\bm{p}$の成分を$\bm{p}=(p_x,\ p_y,\ p_z)$と表すと,(2.1.3)は各成分について次のように表すことができます.

$$m\frac{d^2x}{dt^2}=\frac{dp_x}{dt} \qquad (2.1.4)$$

$$m\frac{d^2y}{dt^2}=\frac{dp_y}{dt} \qquad (2.1.5)$$

$$m\frac{d^2z}{dt^2}=\frac{dp_z}{dt} \qquad (2.1.6)$$

> 各成分をこのように表せると,利点(うれしいこと)は,それぞれの方向に対して,直線運動(一次元)の場合と同じ運動方程式が成り立つことです

まとめ

ニュートンの運動方程式($m\bm{a}=\bm{F}$)は運動量$\bm{p}$を用いて次のように表すことができる.

$$\frac{d\bm{p}}{dt}=\bm{F}$$

2.2 ニュートンの運動方程式の変形
（その2：運動量から運動エネルギーの形へ）

2.1 でニュートンの運動方程式が，

$$\frac{d\boldsymbol{p}}{dt} = \boldsymbol{F} \tag{2.2.1}$$

の形で表すことができることがわかりました．ここでは，左辺をさらに別の形で表してみたいと思います．

運動エネルギーを T とすると，質量 m と速度 $\boldsymbol{v}$ を用いて次のように表されます．

$$T = \frac{1}{2}m\boldsymbol{v}^2 \tag{2.2.2}$$

> これは復習ですね

ここで，速度の各成分 $\boldsymbol{v} = (v_x, v_y, v_z)$ を用いると，

$$\boldsymbol{v}^2 = v_x^2 + v_y^2 + v_z^2 \tag{2.2.3}$$

となりますので，式 (2.2.2) は

$$T = \frac{1}{2}m\boldsymbol{v}^2 = \frac{1}{2}m(v_x^2 + v_y^2 + v_z^2) \tag{2.2.4}$$

> v^2 をおきかえただけです

と表すことができます．

> **考え方**
> 左辺の運動量は向きを持ったベクトル量です．一般に，ベクトルに関する問題を解く際には分解などの面倒な作業がでて不便なことがあります．

2-2 ニュートンの運動方程式の変形（その2：運動量から運動エネルギーの形へ）

ここで，Tをv_x, v_y, v_zでそれぞれ偏微分すると，次のようになります．

$$\frac{\partial T}{\partial v_x} = mv_x = p_x \qquad (2.2.5)$$

> v_y, v_zは定数のようにみなす

→復習
関数をある変数で偏微分するということは，他の変数を定数と見なして微分することでした．

$$\frac{\partial T}{\partial v_y} = mv_y = p_y \qquad (2.2.6)$$

$$\frac{\partial T}{\partial v_z} = mv_z = p_z \qquad (2.2.7)$$

> (2.2.5)～(2.2.7)で，Tがv_x, v_y, v_zで偏微分できました

2.1でニュートンの運動方程式が$\dfrac{d\boldsymbol{p}}{dt} = \boldsymbol{F}$の形で表せることがわかっていますので，式(2.2.5)～式(2.2.7)を時間で微分すると，

> "運動"を考えるときは，必ず"時間"を伴います

$$\frac{d}{dt}\left(\frac{\partial T}{\partial v_x}\right) = \frac{d}{dt}p_x = F_x \qquad (2.2.8)$$

$$\frac{d}{dt}\left(\frac{\partial T}{\partial v_y}\right) = \frac{d}{dt}p_y = F_y \qquad (2.2.9)$$

$$\frac{d}{dt}\left(\frac{\partial T}{\partial v_z}\right) = \frac{d}{dt}p_z = F_z \qquad (2.2.10)$$

となります．

● $\frac{1}{2}$×質量×(速度)^2

> **まとめ**
>
> ニュートンの運動方程式 ($ma = F$) の左辺は運動エネルギーを用いて表すこともできる．

● 質量×加速度

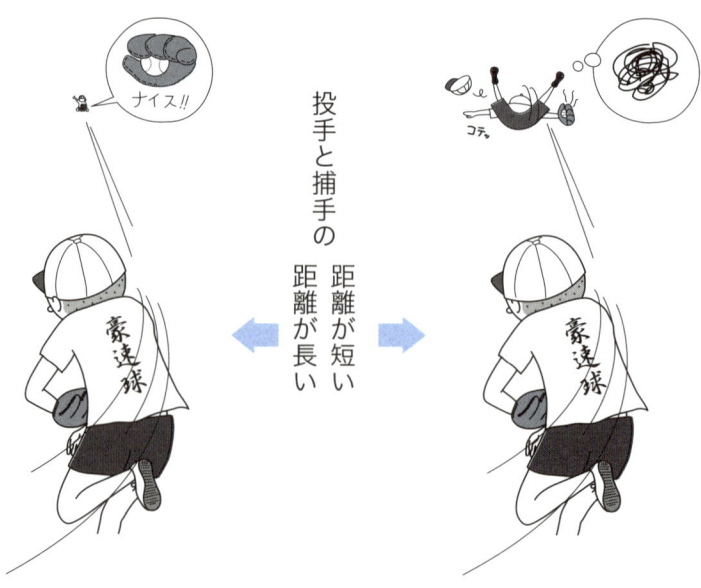

2.3 保存力

次に，ニュートンの運動方程式

$$m\frac{d^2\bm{r}}{dt^2} = \bm{F} \qquad (2.3.1)$$

の右辺（力 $\bm{F}$）について考えます．

ここでは，力 $\bm{F}$ が重力，弾性力，クーロン力などの保存力である場合について考えます．

ポテンシャルエネルギーを $U(\bm{r})$ とすると，$\bm{F}$ は

$$\bm{F} = -\nabla U(\bm{r}) \qquad (2.3.2)$$

と表され，各成分について次のようになります．

$$F_x = -\frac{\partial}{\partial x} U(\bm{r}) \qquad (2.3.3)$$

$$F_y = -\frac{\partial}{\partial y} U(\bm{r}) \qquad (2.3.4)$$

$$F_z = -\frac{\partial}{\partial z} U(\bm{r}) \qquad (2.3.5)$$

→ 参照
重力は大丈夫ですね．

→ 復習
弾性力は，ばねを伸ばしたり縮めたりしたときに元の長さに戻ろうとする力．
クーロン力とは，プラス(+)やマイナス(−)の電荷を持った粒子の間に働く斥力や引力などの力のことでした．
∇ はナブラと読み，偏微分を用いて表されるベクトル微分演算子です．

> **練習問題 2-2**
>
> 質点が持つポテンシャルエネルギーが次のように与えられる場合，質点が受ける力ベクトル $F=(F_x, F_y, F_z)$ を求めよ.
>
> (1) $U = mgz$
>
> (2) $U = \dfrac{1}{2}kx^2$
>
> (3) $U = -\dfrac{a}{r}\left(=-k\dfrac{q_1 q_2}{r}\right)$ ただし， $r = \sqrt{x^2 + y^2 + z^2}$, a は定数

解 答

(1), (2), (3) それぞれ，重力によるポテンシャルエネルギー，弾性力によるポテンシャルエネルギー，クーロン力によるポテンシャルエネルギーの形となっています.

(1) $F_x = -\dfrac{\partial U}{\partial x} = 0$, $F_y = -\dfrac{\partial U}{\partial y} = 0$, $F_z = -\dfrac{\partial U}{\partial z} = -mg$ より，

$$\boldsymbol{F} = (F_x, F_y, F_z) = (0, 0, -mg)$$

(2) $F_x = -\dfrac{\partial U}{\partial x} = -kx$, $F_y = -\dfrac{\partial U}{\partial y} = 0$, $F_z = -\dfrac{\partial U}{\partial z} = 0$ より，

$$\boldsymbol{F} = (F_x, F_y, F_z) = (-kx, 0, 0)$$

(3) $U = -\dfrac{a}{\sqrt{x^2 + y^2 + z^2}} = -a(x^2+y^2+z^2)^{-\frac{1}{2}}$ より，

$$F_x = -\dfrac{\partial U}{\partial x} = \dfrac{ax}{\sqrt{(x^2+y^2+z^2)^3}} = \dfrac{ax}{r^3}$$

$$F_y = -\frac{\partial U}{\partial y} = \frac{ay}{\sqrt{(x^2+y^2+z^2)^3}} = \frac{ay}{r^3}$$

$$F_z = -\frac{\partial U}{\partial z} = \frac{az}{\sqrt{(x^2+y^2+z^2)^3}} = \frac{az}{r^3}$$

> U を x, y, z について各々偏微分します．
> わかりにくい人は
> $$x_2 + y_2 + z_2 = A$$
> とおいてみましょう．
> $$U = -aA^{-\frac{1}{2}}$$
> $$\frac{\partial U}{\partial x} = -a\left(-\frac{1}{2}\right)A^{-\frac{3}{2}} \cdot A'$$
> $$= -a\left(-\frac{1}{2}\right)A^{-\frac{3}{2}} \cdot 2x$$
> これを整理します．

となるので，

$$\boldsymbol{F} = (F_x, F_y, F_z) = \left(\frac{ax}{r^3}, \frac{bx}{r^3}, \frac{cx}{r^3}\right)$$

ここで，次のように変形することができます．

$$(F_x, F_y, F_z) = \frac{a}{r^2} \cdot \frac{(x, y, z)}{r}$$

$$\frac{(x, y, z)}{r} = \frac{(x, y, z)}{\sqrt{x^2+y^2+z^2}}$$

を $\boldsymbol{r}$ 方向（$\boldsymbol{r}=(x, y, z)$）に対する単位ベクトルと考えれば，力の大きさは $\dfrac{a}{r^2} = \left(k\dfrac{q_1 q_2}{r^2}\right)$ となり，クーロン力の形となります．

2.4 ニュートンの運動方程式の変形（その3：スカラー量の方程式）

2.2 と 2.3 の考え方を用いて，ニュートンの運動方程式を変形すると次のようになります．

$$\frac{d}{dt}\left(\frac{\partial T}{\partial v_x}\right) = -\frac{\partial}{\partial x}U(\boldsymbol{r}) \quad (2.4.1)$$

$$\frac{d}{dt}\left(\frac{\partial T}{\partial v_y}\right) = -\frac{\partial}{\partial y}U(\boldsymbol{r}) \quad (2.4.2)$$

$$\frac{d}{dt}\left(\frac{\partial T}{\partial v_z}\right) = -\frac{\partial}{\partial z}U(\boldsymbol{r}) \quad (2.4.3)$$

> この式重要!!
> (2.2.8)〜(2.2.10)の右辺に
> (2.3.3)〜(2.3.5)を代入して得られます

このようにニュートンの運動方程式を変形することにより，運動エネルギーやポテンシャルエネルギーといったスカラー量だけで方程式を立てることができます．これは，力と加速度からなるこれまでの方程式で生じるようなベクトルの分解などの手間を省くことができるという利点があります．

▶復習

大きさと向きを持つベクトルに対して，スカラー量とは，大きさのみを持つ量でした．

2-4 ニュートンの運動方程式の変形（その3：スカラー量の方程式）

スカラー量とベクトル量

物理では，スカラー量とベクトル量という2つの量が出てきます．それらについてまとめておきましょう．

スカラー量：大きさのみを持つ量
ベクトル量：大きさと向きを持つ量

たとえば，スカラー量としては，長さや温度，仕事などがあります．ベクトル量は，速度や運動量などが例として挙げられます．

ついでにスカラー積とベクトル積についても簡単に書いておきましょう．

スカラー積：ベクトルの内積で，2つのベクトルから一意に決まるスカラー
（例）力と変位（距離）のスカラー積から仕事が求まる．
$$W = \boldsymbol{F} \cdot \boldsymbol{x} = Fx\cos\theta$$

ベクトル積：ベクトルの外積．右手系，左手系のように，どの向きに回転させるかがポイント
（例）位置と運動量のベクトル積から角運動量が求まる．
$$\boldsymbol{L} = \boldsymbol{r} \times \boldsymbol{p} = rp\sin\theta$$

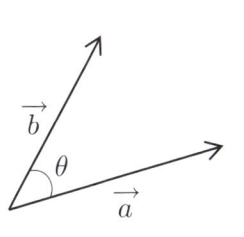

スカラー積
$$\vec{a} \cdot \vec{b} = |\vec{a}||\vec{b}|\cos\theta$$

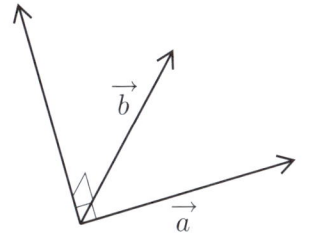

ベクトル積
$$\vec{a} \times \vec{b} = -\vec{b} \times \vec{a}$$

内積と外積は混同してしまう人がいるので，どの量を扱っているのか，明確にしておくよう心がけておくとよいでしょう．

2.5 ラグランジュの運動方程式

運動エネルギー T とポテンシャルエネルギー U の差

$$L = T - U \qquad (2.5.1)$$

を定義します．ここで，T は速度 v のみの関数で，U は位置 r のみの関数であり，L はラグランジアンと呼ばれます．

ラグランジアン L を速度 v で偏微分してみましょう．

簡単のため，一次元の x 方向について考えると，ラグランジアンは次のようになります．

> 方向を考えることがポイント

$$L(x, v_x) = T(v_x) - U(x) \qquad (2.5.2)$$

ポテンシャルエネルギー U は x のみの関数ですので（v_x の関数ではないので），

$$\frac{\partial U}{\partial v_x} = 0 \qquad (2.5.3)$$

となります．したがって，

$$\begin{aligned}\frac{\partial L}{\partial v_x} &= \frac{\partial T}{\partial v_x} - \frac{\partial U}{\partial v_x} \\ &= \frac{\partial T}{\partial v_x} \qquad (2.5.4)\end{aligned}$$

となります．

> **ラグランジュの運動方程式を求めるキーは**
>
> ・振動系の運動エネルギー
> ・ポテンシャルエネルギー
>
> です．
> 　振動系といっても，自由度により解や振動数などが異なりましたね．ここが難しいひとはまずはその辺から復習してみてください．

> さっきは方向でした

　次に，ラグランジアン L を位置 x で偏微分してみましょう．運動エネルギー T は v_x のみの関数ですので（x の関数ではない），

$$\frac{\partial T}{\partial x} = 0 \qquad (2.5.5)$$

となり，

$$\frac{\partial L}{\partial x} = -\frac{\partial U}{\partial x} \qquad (2.5.6)$$

となります．

　したがって，**2.4** で導いた運動方程式（2.4.1）

$$\frac{d}{dt}\left(\frac{\partial T}{\partial v_x}\right) = -\frac{\partial}{\partial x} U(\boldsymbol{r})$$

に，（2.5.4），（2.5.6）を代入して整理すると，

$$\frac{d}{dt}\left(\frac{\partial L}{\partial v_x}\right) - \frac{\partial L}{\partial x} = 0 \qquad (2.5.7)$$

となります．

x を y や z に置き換えても同様ですので，

$$\frac{d}{dt}\left(\frac{\partial L}{\partial v_y}\right) - \frac{\partial L}{\partial y} = 0 \qquad (2.5.8)$$

$$\frac{d}{dt}\left(\frac{\partial L}{\partial v_z}\right) - \frac{\partial L}{\partial z} = 0 \qquad (2.5.9)$$

が成り立ちます．

これらの式は**ラグランジュの運動方程式**と呼ばれます．

ラグランジュの運動方程式は，結果的には，ニュートンの運動方程式の形を変えたものだということがわかります．

> 各方向について t（時間）で微分した速度

また，後々のために，$v_x = \dfrac{dx}{dt} = \dot{x}$, $v_y = \dfrac{dy}{dt} = \dot{y}$, $v_z = \dfrac{dz}{dt} = \dot{z}$ として，（2.5.7）～（2.5.9）を以下のように変形しておきます．

> **→復習**
> $\dot{x}$, $\dot{y}$, $\dot{z}$ は一般的に，1階微分を表します．

$$\frac{d}{dt}\left(\frac{\partial L}{\partial \dot{x}}\right) - \frac{\partial L}{\partial x} = 0 \qquad (2.5.10)$$

$$\frac{d}{dt}\left(\frac{\partial L}{\partial \dot{y}}\right) - \frac{\partial L}{\partial y} = 0 \qquad (2.5.11)$$

$$\frac{d}{dt}\left(\frac{\partial L}{\partial \dot{z}}\right) - \frac{\partial L}{\partial z} = 0 \qquad (2.5.12)$$

これらの3つの式は，x, y, zの文字が異なるだけで同じ形をしています．同じ形の式を何度も書くことは煩わしいので，通し番号をつけてこれらを表現すると便利です．たとえば，$(x, y, z)=(x_1, x_2, x_3)$と書くことにすれば，上記の3つの式は，

$$\frac{d}{dt}\left(\frac{\partial L}{\partial \dot{x}_i}\right) - \frac{\partial L}{\partial x_i} = 0$$

と1つにまとめることができます．ただし，この場合，$i=1, 2, 3$となっています．

この考え方を拡張して，一般に，N個の質点を考える場合は，1つの質点に対して，上記の(x, y, zについての) 3種類の式が出てきますので，そのN倍となる$3N$個の式を扱うことになります ($i=1, 2, \cdots, 3N$).

> **考え方**
> 物理では，このようにN個（たくさん）の点を考えなければいけないことが多くあります．

まとめ

ラグランジアン
$$L = T - U$$

ラグランジュの運動方程式
$$\frac{d}{dt}\left(\frac{\partial L}{\partial \dot{x}_i}\right) - \frac{\partial L}{\partial x_i} = 0, (i=1, 2, \cdots, 3N)$$

力以外の力（摩擦力や空気抵抗など）$\boldsymbol{F}'$を含む場合，ラ
運動方程式はどのような形になるか．x方向の成分について
のみ考えなさい．

解答

ポテンシャルエネルギーを$U(\boldsymbol{r})$とすると，外力Fのx方向の成分は次のように表すことができます．

$$F_x = -\frac{\nabla U(\boldsymbol{r})}{\partial x} + F'_x$$

> **→ 復習**
> ポテンシャルエネルギーとは運動によって変わる量で，位置エネルギーともいいます．
> ベクトル演算子
> $\nabla = \left(\frac{\partial T}{\partial x}, \frac{\partial T}{\partial y}, \frac{\partial T}{\partial z}\right)$
> はナブラと読みます．

したがって，運動エネルギーと速度を用いて表したニュートンの運動方程式（2.2.8）は次のようになります．

$$\frac{d}{dt}\left(\frac{\partial T}{\partial v_x}\right) = -\frac{\partial}{\partial x}U(\boldsymbol{r}) + F'_x$$

> dと∂はちがいます．
> 偏微分と考えましょう

これを変形すると，

$$\frac{d}{dt}\left(\frac{\partial T}{\partial v_x}\right) + \frac{\partial}{\partial x}U(\boldsymbol{r}) = F'_x$$

> 右辺から左辺へ移項しただけ

ここで，ラグランジアン$L = T - U$を用いて

$$\boxed{\frac{\partial T}{\partial v_x}} = \frac{\partial L}{\partial v_x}$$

$$\boxed{\frac{\partial U}{\partial x}} = -\frac{\partial L}{\partial x}$$

> このようにすることで，ラグランジアンの偏微分であると考えることができます

と表すことができましたので，これを代入して，

$$\frac{d}{dt}\left(\frac{\partial L}{\partial v_x}\right) - \frac{\partial L}{\partial x} = F'_x$$

　この式の左辺は，外力が保存力の場合に導いたラグランジュの運動方程式と同様で，右辺に保存力以外の力 F' が残っていることがわかります．

微分方程式

微分方程式のおさらいです．
独立変数 x，その関数 y の間に

$$\frac{dy}{dx} = f(x,\ y)$$

もしくは $F(x,\ y,\ y') = 0$

という関係があるとき，これを微分方程式というのでした．

そして，この方程式を満たす関数 $\hat{y} = g(x)$ を解といいます．解は，初期値によって変化しますので，1つとは限りません．そういうことから，微分方程式の解は一般解と呼ばれるのです．

1階微分方程式の解は1つの任意定数
2階微分方程式の解は2つの任意定数

のように，微分の階数とその一般解に含まれる任意定数の数は一致します．

微分方程式の解き方はいくつかパターンがあります．

①変数分離系

1階微分方程式を指します．

$$\frac{dy}{dx} = f(x) \cdot g(y)$$

この一般解は

$$\int \frac{1}{g(y)} dy = \int f(x) dx$$

です．先ほど出てきた方程式

$$x\frac{dy}{dx} = y \quad \boxed{xy' = y \text{ということ}}$$

についてやってみましょう．

$$y' = \frac{y}{x}$$

$$\frac{1}{y} \cdot y' = \frac{1}{x}$$

$$\therefore \frac{1}{y}\frac{dy}{dx} = \frac{1}{x}$$

左辺がyの関数，右辺がxの関数となるように分離します

両辺をxについて積分すると

$$\int \frac{1}{y}\frac{dy}{dx}dx = \int \frac{1}{x}dx$$

$$\int \frac{1}{y}dy = \int \frac{1}{x}dx$$

$$\therefore \log|y| = \log|x| + C \ (C：積分定数)$$

したがって$|y| = |x| \cdot e^C$となります．

これが一般解です．e^Cを改めて積分定数Cとおけば先に述べた

1階微分方程式の解は1つの任意定数

も納得がいくでしょう．

他にも微分方程式の形により，解き方があります．

② 同次形

$$\frac{dy}{dx}dx = f\left(\frac{y}{x}\right)$$

③ 1 階線形微分方程式

$$y' + p(x)y + Q(x) = 0$$

$y,\ y'$ について，1 次の微分方程式のこと

④ 定数係数の 2 階線形微分方程式

$$y'' + p(x)y' + Q(x)\,y = fx$$

⇨ 特性方程式によって解きます

それぞれ，さらに他の微分方程式についても復習しておくとよいでしょう．

2.6 座標の変換

　ラグランジュの運動方程式が，ニュートンの運動方程式と比べて便利である点は，座標の変換を行っても同じ形式で表すことができるということです．そのことを理解するために，直交座標，および，極座標によってニュートンの運動方程式，および，ラグランジュの運動方程式がどのように表されるかを見ていきましょう．

　2次元のベクトルを直交座標（デカルト座標）と極座標で表す場合，両者の間には次の関係があります．

$$x = r\cos\theta, \ y = r\sin\theta \quad (2.6.1)$$

または，

$$r = \sqrt{x^2 + y^2}, \ \theta = \tan^{-1}\frac{y}{x} \quad (2.6.2)$$

$\tan\theta = \dfrac{y}{x}$ より

◆考え方
物理現象を適切な座標系で扱うことは，計算を容易にしてくれます．

◆復習
高校の数学を思い出してみましょう．

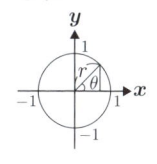

第2章 ラグランジュの運動方程式

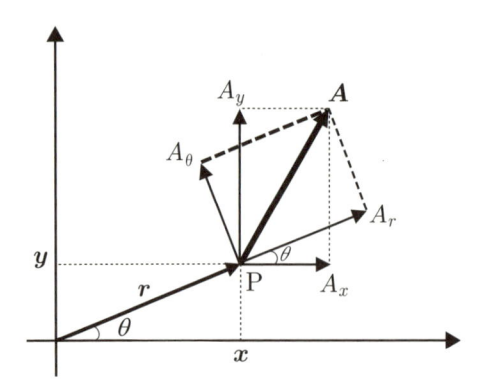

◆図2-1 座標変換

ここで，平面上の任意のベクトル$\boldsymbol{A}$を考えます．直交座標における$\boldsymbol{A}$の成分を(A_x, A_y)，極座標における$\boldsymbol{A}$の成分を(A_r, A_θ)とすると，両者の間には次のような関係があります．

$$A_r = A_x \cos\theta + A_y \sin\theta \qquad (2.6.3)$$

$$A_\theta = -A_x \sin\theta + A_y \cos\theta \qquad (2.6.4)$$

$\boldsymbol{A}$は任意のベクトルですから，速度vを考える場合は，

$$v_r = v_x \cos\theta + v_y \sin\theta \qquad (2.6.5)$$

$$v_\theta = -v_x \sin\theta + v_y \cos\theta \qquad (2.6.6)$$

> 考え方
> (2.6.3)や(2.6.4)の式のAをvについておきかえただけです．

加速度を考える場合は

$$a_r = a_x \cos\theta + a_y \sin\theta \qquad (2.6.7)$$

$$a_\theta = -a_x \sin\theta + a_y \cos\theta \qquad (2.6.8)$$

となります．

練習問題 2-4

極座標における速度の各成分 (v_r, v_θ) を r および θ を用いて表せ．

解答

直交座標と極座標における速度ベクトルの成分には (2.6.5)，(2.6.6) の関係がありました．

$$v_r = v_x \cos\theta + v_y \sin\theta \qquad (2.6.5)$$

$$v_\theta = -v_x \sin\theta + v_y \cos\theta \qquad (2.6.6)$$

ここで，直交座標での速度成分 v_x, v_y は，位置座標を時間微分したものですから，

$$v_x = \dot{x} = \dot{r}\cos\theta - r\dot{\theta}\sin\theta \qquad (2.6.9)$$

$$v_y = \dot{y} = \dot{r}\sin\theta + r\dot{\theta}\cos\theta \qquad (2.6.10)$$

となります．

第2章 ラグランジュの運動方程式

ここで，(2.6.9)，(2.6.10) を (2.6.5)，(2.6.6) へ代入すると，

$$v_r = (\dot{r}\cos\theta - r\dot{\theta}\sin\theta)\cos\theta + (\dot{r}\sin\theta + r\dot{\theta}\cos\theta)\sin\theta$$
$$= \dot{r}(\cos^2\theta + \sin^2\theta)$$
$$= \dot{r} \tag{2.6.11}$$

$$v_\theta = -(\dot{r}\cos\theta - r\dot{\theta}\sin\theta)\sin\theta + (\dot{r}\sin\theta + r\dot{\theta}\cos\theta)\cos\theta$$
$$= r\dot{\theta}\,(\sin^2\theta + \cos^2\theta)$$
$$= r\dot{\theta} \tag{2.6.12}$$

したがって，$(v_r, v_\theta)=(\dot{r}, r\dot{\theta})$ となります．速度ベクトルの θ 方向の成分には，$\dot{\theta}$ のみではなく，r が含まれていることに注意しましょう．

練習問題 2-5

極座標における加速度の各成分 (a_r, a_θ) を r および θ を用いて表せ．

解答

直交座標と極座標における加速度ベクトルの成分には (2.6.7)，(2.6.8) の関係がありました．

$$a_r = a_x\cos\theta + a_y\sin\theta \tag{2.6.7}$$

$$a_\theta = -a_x\sin\theta + a_y\cos\theta \tag{2.6.8}$$

ここで，直交座標での加速度ベクトルの成分 a_x, a_y は，(2.6.9)，(2.6.10) で与えられる速度成分 v_x, v_y をそれぞれ時間微分したものですから，

$$\begin{aligned}
a_x &= \dot{v}_x \\
&= \frac{d}{dt}(\dot{r}\cos\theta - r\dot{\theta}\sin\theta) \quad &(2.6.13) \\
&= \ddot{r}\cos\theta - \dot{r}\dot{\theta}\sin\theta - \dot{r}\dot{\theta}\sin\theta - r\ddot{\theta}\sin\theta - r\dot{\theta}^2\cos\theta \\
&= (\ddot{r} - r\dot{\theta}^2)\cos\theta - (2\dot{r}\dot{\theta} + r\ddot{\theta})\sin\theta
\end{aligned}$$

$$\begin{aligned}
a_y &= \dot{v}_y \\
&= \frac{d}{dt}(\dot{r}\sin\theta + r\dot{\theta}\cos\theta) \quad &(2.6.14) \\
&= \ddot{r}\sin\theta + \dot{r}\dot{\theta}\cos\theta + \dot{r}\dot{\theta}\cos\theta + r\ddot{\theta}\cos\theta - r\dot{\theta}^2\sin\theta \\
&= (\ddot{r} - r\dot{\theta}^2)\sin\theta + (2\dot{r}\dot{\theta} + r\ddot{\theta})\cos\theta
\end{aligned}$$

が求まります．これらを (2.6.7)，(2.6.8) へ代入することにより，

$$\begin{aligned}
a_r &= a_x\cos\theta + a_y\sin\theta \\
&= \bigl((\ddot{r} - r\dot{\theta}^2)\cos\theta - (2\dot{r}\dot{\theta} + r\ddot{\theta})\sin\theta\bigr)\cos\theta \\
&\quad + \bigl((\ddot{r} - r\dot{\theta}^2)\sin\theta + (2\dot{r}\dot{\theta} + r\ddot{\theta})\cos\theta\bigr)\sin\theta \\
&= (\ddot{r} - r\dot{\theta}^2)(\cos^2\theta + \sin^2\theta) \\
&= \ddot{r} - r\dot{\theta}^2 \quad &(2.6.15)
\end{aligned}$$

$$a_\theta = -a_x \sin\theta + a_y \cos\theta$$
$$= \left((\ddot{r} - r\dot{\theta}^2)\cos\theta - (2\dot{r}\dot{\theta} + r\ddot{\theta})\sin\theta\right)\sin\theta$$
$$+ \left((\ddot{r} - r\dot{\theta}^2)\sin\theta + (2\dot{r}\dot{\theta} + r\ddot{\theta})\cos\theta\right)\cos\theta$$
$$= (2r\dot{\theta} + r\ddot{\theta})(\sin^2\theta + \cos^2\theta)$$
$$= \ddot{r} - r\dot{\theta}^2 \tag{2.6.16}$$

したがって，$(a_r, a_\theta) = (\ddot{r} - r\dot{\theta}^2,\ 2\dot{r}\dot{\theta} + r\ddot{\theta})$ となります．直交座標での加速度ベクトル成分の表現 $(a_x, a_y) = (\ddot{x}, \ddot{y})$ に比べて，複雑な形になっていることがわかります．

まとめ

極座標表示における速度成分，加速度成分
$$(v_r,\ v_\theta) = (\dot{r},\ r\theta)$$
$$(a_r,\ a_\theta) = (\ddot{r} - r\dot{\theta}^2,\ 2\dot{r}\dot{\theta} + r\ddot{\theta})$$

2.7 極座標表示におけるニュートンの運動方程式

　直交座標と極座標で加速度ベクトルの表現が異なることを見てきました．ここでは，それに伴いニュートンの運動方程式が極座標でどのように表現されるか，また，直交座標との違いもあわせて見ていきましょう．

　2.6では直交座標と極座標における加速度や速度の成分の表し方を見てきました．それらから運動方程式はどのように表されるでしょうか．

　(2.6.15)，(2.6.16) の結果を用いると，ニュートンの運動方程式は，2次元の極座標において次のようになります．

$$m(\ddot{r} - r\dot{\theta}^2) = F_r \quad (2.7.1)$$

$$m(2\dot{r}\dot{\theta} + r\ddot{\theta}) = F_\theta \quad (2.7.2)$$

> $\dot{r}$, $\dot{\theta}$ は r, θ の時間による1階微分，$\ddot{r}$, $\ddot{\theta}$ は時間による2階微分を表します

> 極座標における速度・加速度を思い出そう

これらは，2次元の直交座標における運動方程式が

$$m\ddot{x} = F_x \tag{2.7.3}$$

$$m\ddot{y} = F_y \tag{2.7.4}$$

と比べると，それぞれの式の中に r，および，θ の両方が入っており，複雑で非対称的な形式になっていることがわかります．これは，3次元（空間）においては，さらに複雑な形となります．

また，力が保存力である場合，ポテンシャル U を用いて力の各成分は，(2.3.3)，(2.3.4) より

$$F_x = -\frac{\partial U}{\partial x},\ F_y = -\frac{\partial U}{\partial y} \tag{2.7.5}$$

と表すことができました．これと，(2.6.3)〜(2.6.4)，の関係から F_r，F_θ については，

$$F_r = -\frac{\partial U}{\partial r},\ F_\theta = -\frac{1}{r}\frac{\partial U}{\partial \theta} \tag{2.7.6}$$

となります．ここでも，速度の場合と同様に，θ 方向の成分に r が入っていることに注意しましょう．

これらの表現を用いて，まとめると次のようになります．

> **→復習**
> 質量 m の質点に力 F が働くとき，加速度を a とすると $m\boldsymbol{a}=\boldsymbol{F}$

> **→補足**
> (2.7.3),(2.7.4)は，x, y を入れ替えても元の2つの式と同様ですが，(2.7.1)，(2.7.2)は r と θ を入れ替えると元の式と異なってしまいます．

直交座標でのニュートンの運動方程式

$$m\ddot{x} = -\frac{\partial U}{\partial x} \qquad (2.7.7)$$

$$m\ddot{y} = -\frac{\partial U}{\partial y} \qquad (2.7.8)$$

極座標でのニュートンの運動方程式

$$m(\ddot{r} - r\dot{\theta}^2) = -\frac{\partial U}{\partial r} \qquad (2.7.9)$$

$$m(2\dot{r}\dot{\theta} + r\ddot{\theta}) = -\frac{1}{r}\frac{\partial U}{\partial \theta} \qquad (2.7.10)$$

練習問題 2-6

　長さ $l[m]$ の糸の一端を天井に固定し，他端に質量 $m[\mathrm{kg}]$ のおもりを吊るした単振子の運動について，極座標表示による運動方程式を求めよ．ただし，重力加速度を g とする．

解 答

　糸を固定している点を原点 O として，原点からおもりへの方向（動径方向）を r 方向，それに対して垂直な方向（接線方向）を θ 方向とすると，運動方程式は，(2.7.1), (2.7.2) より，

$$m(\ddot{r} - r\dot{\theta}^2) = F_r \quad \cdots (1)$$

$$m(2\dot{r}\dot{\theta} + r\ddot{\theta}) = F_\theta \quad \cdots (2)$$

となります.

　ここで,糸の張力をTとすると,

$$F_r = mg\cos\theta - T \quad \cdots (3)$$

$$F_\theta = mg\sin\theta - T \quad \cdots (4)$$

となります.

　また,$r = l = $ 一定ですので,

$$\dot{r} = \ddot{r} = 0 \quad \cdots (5)$$

となります.

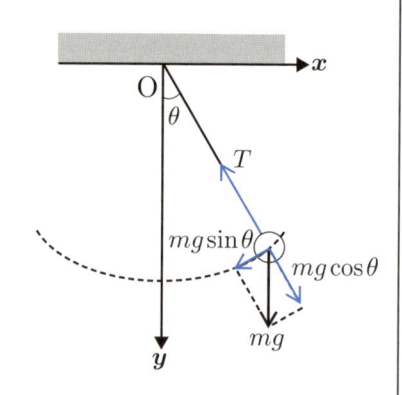

　したがって,(3),(4),(5)を(1),(2)へ代入すると,それぞれの方向に対する運動方程式

$$-ml\dot{\theta}^2 = mg\cos\theta - T \cdots (6)$$

$$ml\ddot{\theta} = -mg\sin\theta \quad \cdots (7)$$

が得られます.

　また,この結果を用いると,(7)より,

$$\ddot{\theta} = -\frac{g}{l}\sin\theta$$

となり,A,δを任意の定数として次の単振動の一般解が得られます.

$$\theta = A\sin\left(\sqrt{\frac{g}{l}} + \delta\right)$$

　また,(6)より,糸の張力の時間変化を表す関係式が得られます.

$$T = mg\cos\theta - ml\dot{\theta}^2$$

2.8 極座標表示におけるラグランジュの運動方程式

次にラグランジュの運動方程式を直交座標から極座標へと変換するとどのように表現できるかを見ていきましょう．

ラグランジュの運動方程式は一般に次のようにかけました．

$$\frac{d}{dt}\left(\frac{\partial L}{\partial \dot{x}_i}\right) - \frac{\partial L}{\partial x_i} = 0 \quad (2.8.1)$$

2次元の直交座標では，これを変数 x および y を用いて表せばよいので，

$$\frac{d}{dt}\left(\frac{\partial L}{\partial \dot{x}}\right) - \frac{\partial L}{\partial x} = 0 \quad (2.8.2)$$

$$\frac{d}{dt}\left(\frac{\partial L}{\partial \dot{y}}\right) - \frac{\partial L}{\partial y} = 0 \quad (2.8.3)$$

となります．

次に，これを2次元の極座標で表すとどうなるかといいますと，結論から言えば，次のようになります．

$$\frac{d}{dt}\left(\frac{\partial L}{\partial \dot{r}}\right) - \frac{\partial L}{\partial r} = 0 \quad (2.8.4)$$

$$\frac{d}{dt}\left(\frac{\partial L}{\partial \dot{\theta}}\right) - \frac{\partial L}{\partial \theta} = 0 \quad (2.8.5)$$

(2.8.2)～(2.8.5) は (2.8.1) の x_i を x, y, r, θ に変えただけで全て同じ形になっています.

本当にそのようになるのか, 問題を解きながら見ていきましょう.

練習問題 2-7

2次元直交座標において, ラグランジアン L は

$$L = T - U$$
$$= \frac{1}{2}mv^2 - U$$
$$= -\frac{1}{2}m(v_x^2 + v_y^2) - U$$
$$= \frac{1}{2}m(\dot{x}^2 + \dot{y}^2) - U$$

と表すことができる.

これを利用して, 運動方程式を求めよ.

解答

x 方向に関して, ラグランジュの運動方程式

$$\frac{d}{dt}\left(\frac{\partial L}{\partial \dot{x}}\right) - \frac{\partial L}{\partial x} = 0 \text{ より}$$

$$\frac{d}{dt}(m\dot{x}) + \frac{\partial U}{\partial x} = 0 \quad \left(m\dot{x} を t で微分すると m\ddot{x}\right)$$

$$m\ddot{x} = -\frac{\partial U}{\partial x}$$

2-8 極座標表示におけるラグランジュの運動方程式

これは, (2.7.7) のニュートンの運動方程式と同じ結果になっています.

y 方向に関しても同様にして

$$m\ddot{y} = -\frac{\partial U}{\partial y}$$

となり, (2.7.8) と同じ結果になっています.

次に, 極座標表示においてはどうでしょうか.

練習問題 2-8

運動エネルギー

$$T = \frac{1}{2}mv^2$$

を2次元極座標で (r および θ を用いて) 表せ.

解 答

(2.6.11) (2.6.12) より次の関係がありました.

$$v_r = \dot{r} \quad v_\theta = r\dot{\theta}$$

したがって,

$$T = \frac{1}{2}mv^2$$
$$= \frac{1}{2}m(v_r^2 + v_\theta^2) \quad \Leftarrow v^2 = v_r^2 + v_\theta^2 \text{より}$$
$$= \frac{1}{2}m\big((\dot{r})^2 + (r\dot{\theta})^2\big) \quad \Leftarrow v_x = \dot{r},\ v_y = r\dot{\theta} \text{を代入しただけ}$$
$$= \frac{1}{2}m(\dot{r}^2 + r^2\dot{\theta}^2)$$

練習問題 2-9

極座標におけるラグランジアンは
$$L = T - U$$
$$= \frac{1}{2}m(\dot{r}^2 + r^2\dot{\theta}^2) - U$$
と表すことができる．

これを利用して，運動方程式を求めよ．

解 答

r 方向（動径方向）に関して，ラグランジュの運動方程式は

$$\frac{d}{dt}\left(\frac{\partial L}{\partial \dot{r}}\right) - \frac{\partial L}{\partial r} = 0 \text{ より}$$

$$\frac{d}{dt}(m\dot{r}) - \left(mr\dot{\theta}^2 - \frac{\partial U}{\partial r}\right) = 0$$

$$m(\ddot{r} - r\dot{\theta}^2) = -\frac{\partial U}{\partial r}$$

これは，(2.7.9) と同じ結果であることがわかります．

同様に，θ 方向（角度方向）に関して，ラグランジュの運動方程式は，

$$\frac{d}{dt}\left(\frac{\partial L}{\partial \dot{\theta}}\right) - \frac{\partial L}{\partial \theta} = 0 \text{ より}$$

$$\left(mr^2\dot{\theta}\right) - \left(-\frac{\partial U}{\partial \theta}\right) = 0$$

$$m\left(2r\dot{r}\dot{\theta} + r^2\ddot{\theta}\right) - \left(-\frac{\partial U}{\partial \theta}\right) = 0$$

$$m\left(2\dot{r}\dot{\theta} + r\ddot{\theta}\right) = -\frac{1}{r}\frac{\partial U}{\partial \theta}$$

これは，(2.7.10) と同じ結果であることがわかります．
　(2.7.9) や (2.7.10) が得るのに苦労したことを考えると，容易に導けたことがわかります．

　このように，ベクトル形式で表現されるニュートンの運動方程式は座標のとり方によって方程式の形が著しく異なるのに比べて，ラグランジュの運動方程式は，スカラー量であるラグランジアン L を書き直すだけで，結果として得られる運動方程式は，ニュートンの運動方程式と全く同じ形になります．このことから，問題に応じて座標系を自由に設定でき，容易に解くことができます．
　2.9 で実際に見てみましょう．

2.9 ラグランジュの運動方程式を用いた例

この節では，より具体的な例を用いて，ラグランジュの運動方程式に慣れていきましょう．

練習問題 2-10

落下運動におけるラグランジアンと運動方程式を求めよ．

解答

質量 m の物体が基準点から高さ y の位置にある場合のポテンシャルエネルギーは

$$U = mgy$$

です．また，運動エネルギーは

$$T = \frac{m}{2}\dot{y}^2$$

です．したがって，ラグランジアンは

$$L = T - U = \frac{1}{2}m\dot{y}^2 - mgy$$

で与えられます．

以上から，ラグランジュの運動方程式は

$$\frac{d}{dt}\left(\frac{\partial L}{\partial \dot{y}}\right) - \frac{\partial L}{\partial y} = 0 \text{ より}$$

$$\frac{d}{dt}(m\dot{y}) - (-mg) = 0$$

$$m\ddot{y} = -mg$$

となります．

この場合は，落下運動する質量 m の物体に働く力（重力）は $-mg$ であるということを用いて，慣れているニュートンの運動方程式を用いて考えればすぐに結果が出ますが，ラグランジュの運動方程式を用いても同様の結果が得られることが確認できます．

練習問題 2-11

ばね定数 k のばねにつないだ質量 m の物体の運動（単振動）におけるラグランジアンと運動方程式を求めよ．

解答

ばねのポテンシャルエネルギーは

$$U = \frac{1}{2}kx^2$$

なので，ラグランジアンは

$$L = T - U = \frac{1}{2}m\dot{x}^2 - \frac{1}{2}kx^2$$

で与えられます．

したがって，ラグランジュの運動方程式は

第2章 ラグランジュの運動方程式

$$\left[\begin{aligned} &\frac{d}{dt}\left(\frac{\partial L}{\partial \dot{x}}\right) - \frac{\partial L}{\partial x} = 0 \text{ より} \\ &\qquad\qquad \frac{d}{dt}(m\dot{x}) - (-kx) = 0 \\ &\qquad\qquad m\ddot{x} = -kx \end{aligned} \right.$$

単振動

練習問題 **2-11** の解 $m\ddot{x} = -kx$ は微分方程式です．これを解いてみましょう．

$$m\ddot{x} = -kx$$

$\ddot{x} = \dfrac{d^2 x}{dt^2}$ より，

$$m\frac{d^2 x}{dt^2} = -kx$$

両辺を m で割って

$$\frac{d^2 x}{dt^2} = -\frac{k}{m}x$$

（2階微分方程式は振動でよく出てきます）

微分方程式の解き方のうち，変数分離法を使うと，一般解は $\omega = \sqrt{\dfrac{k}{m}}$ とおけば

$$x = C_1 \sin\omega t + C_2 \cos\omega t$$

（C_1, C_2 はある定数）

となります．

練習問題 2-12

図のように滑らかな机の上に，質量 M の物体Aがある．このAに糸をつけて，軽い定滑車を通して他端に質量 m のおもりBをつける．はじめ，A，Bを手で止めておき，静かに手を放した．重力加速度を $g[m/s^2]$ としてこの系のラグランジアンと運動方程式を求めよ．ただし，糸は伸びないものとし，糸と滑車の質量は無視できるものとする．

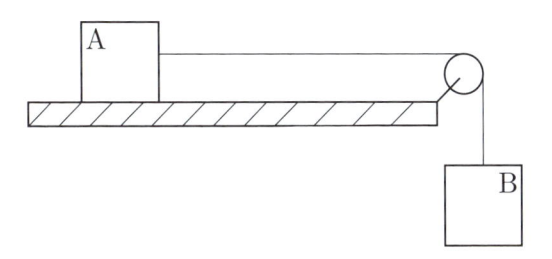

解 答

糸は伸びないので，物体Aと物体Bの変位は等しくなります．

したがって，変位を x とすると，物体Bのポテンシャルエネルギー（重力による位置エネルギー）は初めの位置を基準にすると，

$$U_B = -mgx$$

です．物体Aのポテンシャルエネルギーは0なので，この系のラグランジアンは

$$\begin{aligned} L &= T - U \\ &= (T_A + T_B) - (U_A + U_B) \\ &= \left(\frac{1}{2}M\dot{x}^2 + \frac{1}{2}m\dot{x}^2\right) - (-mgx) \\ &= \frac{1}{2}M\dot{x}^2 + \frac{1}{2}m\dot{x}^2 + mgx \end{aligned}$$

で与えられます．

したがって，ラグランジュの運動方程式は

$$\frac{d}{dt}\left(\frac{\partial L}{\partial \dot{x}}\right) - \frac{\partial L}{\partial x} = 0 \text{より}$$

$$\frac{d}{dt}(M\dot{x} + m\dot{x}) - (mg) = 0$$

$$(M+m)\ddot{x} - mg = 0$$

$$(M+m)\ddot{x} = mg$$

ニュートンの運動方程式を用いた場合

　高校で学んだニュートンの運動方程式を用いたやり方でこの問題を解く場合は，例えば，糸の張力を T とおき，物体 A についての運動方程式

$$M\ddot{x} = T$$

および，物体 B についての運動方程式

$$m\ddot{x} = mg - T$$

の 2 つの式を立てて，これを連立方程式として解くことにより，

$$(M+m)\ddot{x} = mg$$

が得られることがわかっていますが，ラグランジュの運動方程式を用いる場合，張力 T を用いなくても済むことがわかります．

練習問題 2-13

図のように滑らかな机の上に，質量Mの物体Aがある．Aの左側にばね定数kのばねを取り付け，ばねの他端を壁に固定する．Aの右側には糸を取りつけ，定滑車を通して他端に質量mのおもりBを吊るす．はじめ，ばねが自然長の状態でA，Bを手で止めておき，静かに手を放した．重力加速度を$\mathrm{g[m/s^2]}$としてこの系のラグランジアンと運動方程式を求めよ．ただし，糸は伸びないものとし，糸と滑車の質量および摩擦は無視できるものとする．

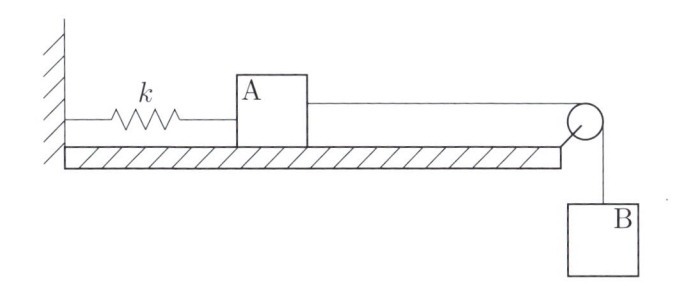

解 答

糸は伸びないので，物体Aと物体Bの変位は等しくなります．

したがって，変位をxとすると，物体Aのポテンシャルエネルギー（ばねの弾性力による弾性エネルギー）は

$$U_A = \frac{1}{2}kx^2$$

物体Bのポテンシャルエネルギー（重力による位置エネルギー）は初めの位置を基準にすると，

$$U_B = -mgx$$

となるので，この系のラグランジアンは

$$L = T - U$$
$$= (T_A + T_B) - (U_A + U_B)$$
$$= \left(\frac{1}{2}M\dot{x}^2 + \frac{1}{2}m\dot{x}^2\right) - \left(\frac{1}{2}kx^2 - mgx\right)$$
$$= \frac{1}{2}M\dot{x}^2 + \frac{1}{2}m\dot{x}^2 - \frac{1}{2}kx^2 + mgx$$

で与えられます.

したがって,ラグランジュの運動方程式は
$\dfrac{d}{dt}\left(\dfrac{\partial L}{\partial \dot{x}}\right) - \dfrac{\partial L}{\partial x} = 0$ より

$$\frac{d}{dt}(M\dot{x} + m\dot{x}) - (-kx + mg) = 0$$
$$(M+m)\ddot{x} + kx - mg = 0$$
$$(M+m)\ddot{x} = -kx + mg$$

練習問題 2-14

図のように滑らかな机の上に,質量 M の物体Aと質量 m の物体Bを,自然長 l,ばね定数 k のばねでつないだときのこの系のラグランジアンと運動方程式を以下の場合についてそれぞれ求めなさい.ただし,ばねの質量は無視できるものとする.

① 物体Aおよび物体Bの位置座標 x_A,x_B を用いて
② 物体Aと物体Bの重心座標 X および相対座標 x(物体Aから見た物体Bの位置座標を用いて

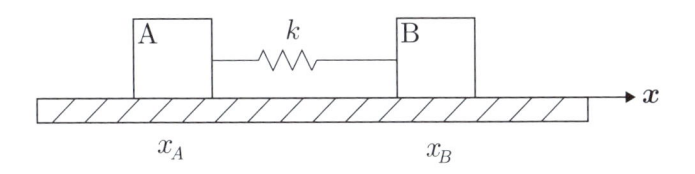

解答

① この場合,ポテンシャルエネルギーはばねの弾性エネルギーであるから

$$U = \frac{1}{2}k\{l-(x_B-x_A)\}^2$$

となるので,この系のラグランジアンは

$$\begin{aligned} L &= T - U \\ &= (T_A + T_B) - (U_A + U_B) \\ &= \left(\frac{1}{2}M\dot{x}_A^2 + \frac{1}{2}m\dot{x}_B^2\right) - \frac{1}{2}k\{l-(x_B-x_A)\}^2 \end{aligned}$$

$$= \frac{1}{2}M\dot{x}_A^2 + \frac{1}{2}m\dot{x}_B^2 - \frac{1}{2}k\{l-(x_B-x_A)\}^2$$

で与えられます．

したがって，ラグランジュの運動方程式は

物体Aについて，

$$\frac{d}{dt}\left(\frac{\partial L}{\partial \dot{x}_A}\right) - \frac{\partial L}{\partial x_A} = 0 \ \text{より}$$

$$\frac{d}{dt}(M\dot{x}_A) + k\{l-(x_B-x_A)\} = 0$$
$$M\ddot{x}_A = -k\{l-(x_B-x_A)\}$$

物体Bについても同様にして

$$\frac{d}{dt}\left(\frac{\partial L}{\partial \dot{x}_B}\right) - \frac{\partial L}{\partial x_B} = 0 \ \text{より}$$

$$\frac{d}{dt}(m\dot{x}_B) + k\{l-(x_B-x_A)\} = 0$$
$$m\ddot{x}_B = -k\{l-(x_B-x_A)\}$$

②物体Aおよび物体Bの重心座標X，および，相対座標xは次のように与えられます．

$$X = \frac{Mx_A + mx_B}{M+m}$$
$$x = x_B - x_A$$

したがって，上記2式をx_Aおよびx_Bについての連立方程式と考えて解くと，

$$x_A = X - \frac{m}{M+m}x$$

$$x_B = X + \frac{M}{M+m}x$$

となります．時間微分を考えることにより，

$$\dot{x}_A = \dot{X} - \frac{m}{M+m}\dot{x}$$

$$\dot{x}_B = \dot{X} + \frac{M}{M+m}\dot{x}$$

が得られますので，これを①で求めたラグランジアンに代入すると，

$$\begin{aligned}L &= \frac{1}{2}M\dot{x}_A^2 + \frac{1}{2}m\dot{x}_B^2 - \frac{1}{2}k\{l-(x_B-x_A)\}^2 \\ &= \frac{1}{2}M\left(\dot{X}-\frac{m}{M+m}\dot{x}\right)^2 + \frac{1}{2}m\left(\dot{X}+\frac{M}{M+m}\dot{x}\right)^2 - \frac{1}{2}k(l-x)^2 \\ &= \frac{1}{2}(M+m)\dot{X}^2 + \frac{1}{2}\left(\frac{Mm}{M+m}\right)\dot{x}^2 - \frac{1}{2}k(l-x)^2\end{aligned}$$

したがって，ラグランジュの運動方程式は
重心座標について，

$$\frac{d}{dt}\left(\frac{\partial L}{\partial \dot{X}}\right) - \frac{\partial L}{\partial X} = 0 \text{より}$$

$$(M+m)\ddot{X} = 0$$

第2章 ラグランジュの運動方程式

相対座標について，

$$\frac{d}{dt}\left(\frac{\partial L}{\partial \dot{x}}\right) - \frac{\partial L}{\partial x} = 0$$

$$\frac{Mm}{M+m}\ddot{x} - k(l-x) = 0$$

$$\frac{Mm}{M+m}\ddot{x} = k(l-x)$$

練習問題 2-15

長さ l[m] の糸で天井から吊るした質量 m[kg] の振り子のラグランジアンと運動方程式を求めよ.

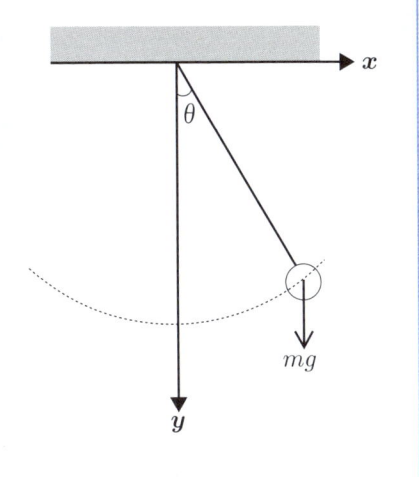

解 答

物体の位置は，極座標に変換すると

$$x = r\sin\theta$$
$$y = r\cos\theta$$

より，

$$\dot{x} = \dot{r}\sin\theta + r\dot{\theta}\cos\theta$$
$$\dot{y} = \dot{r}\cos\theta - r\dot{\theta}\sin\theta$$

ここで，$r = l$ より $\dot{r} = 0$ であるから，運動エネルギーは

$$T = \frac{1}{2}m(\dot{x}^2 + \dot{y}^2) = \frac{1}{2}ml^2\dot{\theta}^2$$

ポテンシャルエネルギーは天井を基準点とすれば

$$U = -mgl\cos\theta$$

第2章 ラグランジュの運動方程式

となるので，ラグランジアンは

$$L = T - U = \frac{1}{2}ml^2\dot{\theta}^2 - mgl\cos\theta$$

したがって，ラグランジュの運動方程式は

$\dfrac{d}{dt}\left(\dfrac{\partial L}{\partial \dot{\theta}}\right) - \dfrac{\partial L}{\partial \theta} = 0$ より

$$\frac{d}{dt}\left(ml^2\dot{\theta}\right) - (-mgl\sin\theta) = 0$$
$$ml^2\ddot{\theta} = mgl\sin\theta$$

練習問題 2-16

水平面と θ の角をなす滑らかな斜面上を滑る質量 m の物体のラグランジアンと運動方程式を求めよ．ただし重力加速度は g とする．

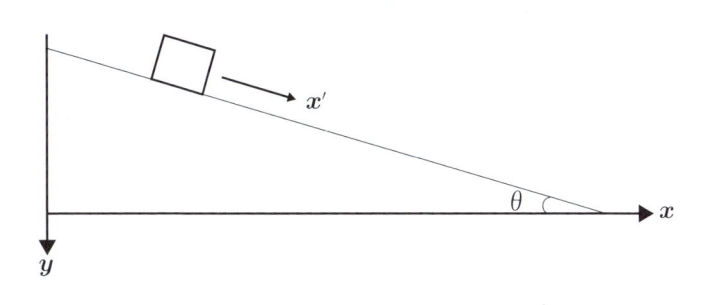

解 答

物体の位置は，斜面に平行な方向 x' と，斜面に垂直な方向 y' に変換すると

$$x = x' \cos\theta$$
$$y = x' \sin\theta$$

の関係があるので，

$$\dot{x} = \dot{x}' \cos\theta$$
$$\dot{y} = \dot{x}' \sin\theta$$

となるので，
運動エネルギーは

$$T = \frac{1}{2}m(\dot{x}^2 + \dot{y}^2)$$
$$= \frac{1}{2}m\dot{x}'^2(\cos^2\theta + \sin^2\theta)$$
$$= \frac{1}{2}m\dot{x}'^2$$

ポテンシャルエネルギーは初めの物体の位置を基準点とすれば，

$$U = -mgy$$
$$= -mgx'\sin\theta$$

となるので，ラグランジアンは

$$L = T - U$$
$$= \frac{1}{2}m\dot{x}'^2 + mgx'\sin\theta$$

したがって，ラグランジュの運動方程式は

$\dfrac{d}{dt}\left(\dfrac{\partial L}{\partial \dot{x}'}\right) - \dfrac{\partial L}{\partial x'} = 0$ より

$$\frac{d}{dt}(m\dot{x}') - mg\sin\theta = 0$$
$$m\ddot{x}' = mg\sin\theta$$

練習問題2-17

質量Mの物体Aと質量mの物体Bを長さがl_Aおよびl_Bの2つの糸A,Bでつないだ二重振り子のラグランジアンと運動方程式を求めよ．ただし，糸は軽くて伸びないものとする．

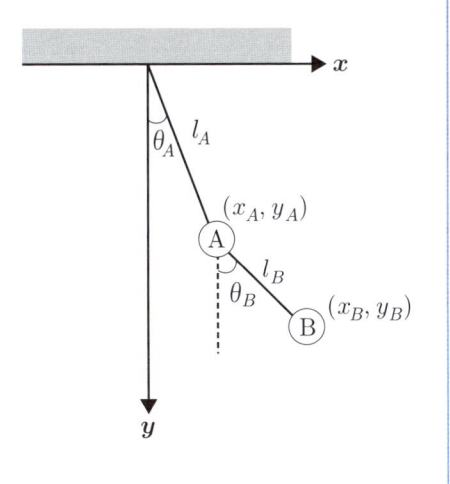

解 答

ポテンシャルエネルギーは天井を基準点とすれば，それぞれ

$$U_A = -mgy_A$$
$$U_B = -mgy_B$$

で与えられます．

ここで，糸A，および，糸Bの鉛直方向からのなす角をそれぞれθ_A，θ_Bとおくと，物体A，および，物体Bの位置座標は

$$(x_A, y_A) = (l_A \sin\theta_A, l_A \cos\theta_A)$$

$$(x_B, y_B) = (l_A \sin\theta_A + l_y \sin\theta_y, l_A \cos\theta_A + l_B \cos\theta_B)$$

で与えられるので，

$$L = T - U$$
$$= (T_A + T_B) - (U_A + U_B)$$
$$= \frac{1}{2}M(\dot{x}_A^2 + \dot{y}_A^2) + \frac{1}{2}m(\dot{x}_B^2 + \dot{y}_B^2) - (-mgy_A - mgy_B)$$
$$= \frac{1}{2}M\left\{\left(l_A\cos\theta_A \cdot \dot{\theta}_A\right)^2 + \left(-l_A\sin\theta_A \cdot \dot{\theta}_A\right)^2\right\}$$
$$+ \frac{1}{2}m\left\{\left(l_A\cos\theta_A \cdot \dot{\theta}_A + l_B\cos\theta_B \cdot \dot{\theta}_B\right)^2\right.$$
$$\left. + \left(-l_A\sin\theta_A \cdot \dot{\theta}_A - l_B\sin\theta_B \cdot \dot{\theta}_B\right)^2\right\} + mgy_A + mgy_B$$
$$= \frac{1}{2}Ml_A^2\dot{\theta}_A^2 + \frac{1}{2}m\left(l_A^2\dot{\theta}_A^2 + l_B^2\dot{\theta}_B^2 + 2l_Al_B\cos(\theta_A - \theta_B)\dot{\theta}_A\dot{\theta}_B\right)$$
$$+ Mgl_A\cos\theta_A + mg\left(l_A\cos\theta_A + l_B\cos\theta_B\right)$$

したがって，ラグランジュの運動方程式は，
物体Aについて，

$$\frac{d}{dt}\left(\frac{\partial L}{\partial \dot{\theta}_A}\right) - \frac{\partial L}{\partial \theta_A} = 0 \text{ より}$$

$$(M+m)l_A^2\ddot{\theta}_A + ml_Al_B\cos(\theta_A - \theta_B)\ddot{\theta}_B +$$
$$ml_Al_B\sin(\theta_A - \theta_B)\dot{\theta}_B^2 + (M+m)gl_A\sin\theta_A = 0$$

物体Bについて，

$$\frac{d}{dt}\left(\frac{\partial L}{\partial \dot{\theta}_B}\right) - \frac{\partial L}{\partial \theta_B} = 0 \text{ より}$$

$$ml_B^2\ddot{\theta}_B + ml_Al_B\cos(\theta_A - \theta_B)\ddot{\theta}_A -$$
$$ml_Al_B\sin(\theta_A - \theta_B)\dot{\theta}_A^2 + mgl_B\sin\theta_B = 0$$

練習問題 2-18

太陽（質量 M）の周りの地球（質量 m）の運動を考える．万有引力定数を G として，ラグランジアンおよび運動方程式を求めよ．ただし，太陽と地球の大きさは無視し，他の惑星の影響は考えないものとする．

解 答

2次元極座標を用いて考えると，
ポテンシャルエネルギー（万有引力による位置エネルギー）U は

$$U = -G\frac{Mm}{r}$$

で与えられるので，ラグランジアン L は

$$L = T - U$$
$$= \frac{1}{2}m(\dot{r}^2 + r^2\dot{\theta}^2) + G\frac{Mm}{r}$$

したがって，ラグランジュの運動方程式は，
r 方向について

$$\frac{d}{dt}\left(\frac{\partial L}{\partial \dot{r}}\right) - \frac{\partial L}{\partial r} = 0 \text{より}$$

$$m\ddot{r} - mr\dot{\theta}^2 + G\frac{Mm}{r^2} = 0$$

θ 方向について

$$\frac{d}{dt}\left(\frac{\partial L}{\partial \dot{\theta}}\right) - \frac{\partial L}{\partial \theta} = 0$$

$$mr^2\dot{\theta} = 0$$

θ 方向については，角運動量が保存されるということを表しています．

『直交座標⇔極座標』

補足ですが，直交座標，極座標の相互の変換を，具体的な値を使ってやってみましょう．

直交座標が$(x,y)=(4, 3)$のとき，極座標はどうなるでしょうか．

$$r = \sqrt{4^2+3^2} = \sqrt{25} = 5 \quad (r>0 \text{より})$$

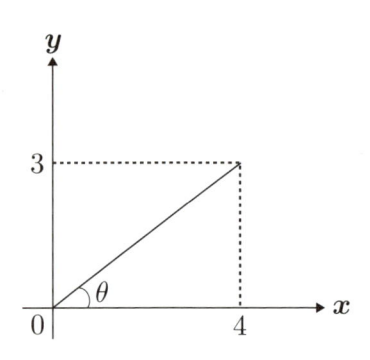

$0<x,\ 0<y$ より

$0° < \theta < 90°$

次を満たすαを見つけます．

$$\tan\alpha = \frac{3}{4} = 0.75$$

$$\tan 36.5° = 0.7400$$

$$\tan 37° = 0.7536$$

より

$$\alpha \fallingdotseq 37$$

以上より，極座標は$(5, 37)$となります．逆の場合もやってみるとよいでしょう．

第3章

変分原理とハミルトンの原理

ポイント

　ラグランジュの運動方程式がニュートンの運動方程式から導けることをすでに学びましたが，ここでは，変分問題という別の形式でラグランジュの運動方程式を導きます．その後，ラグランジュの運動方程式がどのような座標系に対しても形を変えない理由を説明します．

3.1 汎関数と変分

ある時間の関数 $x = f(t)$，および，その時間微分 $\dot{x} = \dfrac{df(t)}{dt}$ の関数 $F(x, \dot{x})$ を時間によって積分した次の量

> 復習
> $\dot{x}$ とは1階微分を表します．

$$I[x] = \int_{t_0}^{t_1} F(x, \dot{x}) dt \quad (3.1.1)$$

> F を t_0 から t_1 まで積分

を考えてみましょう．

I は，t の関数 x の関数となっており，関数 x を定めると，I の値が決まります．このような，関数の関数のことを一般に**汎関数**と呼びます．"I は $x = f(t)$ の汎関数"ということになります．

次に，この汎関数 I が極値（極大値，または，極小値）をとったとします．

> 復習
> 極大・極小とはコラム参照のこと．

極値をとるということは，x をわずかに変化させたとき，I の値が変化しないと考えることができます．そこで，x をわずかに変化させたとき，つまり，

$$x \to x + \delta x \quad (3.1.2)$$

としたときの I の変化量

$$\delta I = I[x + \delta x] - I[x] \quad (3.1.3)$$

> $I[x]$ の差を表す式

を考え，

> $f'(x)=0$ となる x をみつける考え方と同じ

$$\delta I = 0 \tag{3.1.4}$$

となるような関数 $x=f(t)$ をさがすことが極値を求めることになります．ここで δI を I の **変分** と呼びます．また，汎関数 I の極値を与える関数 $x=f(t)$ を求める問題を **変分問題** と呼びます．解析力学では，ニュートンの運動方程式によって与えられる軌道（の関数）を変分問題によって求めようとしています．

極大・極小

「関数 $f(x)$ が $x=a$ で極値をとる」とは「$x=a$ を境に $f(x)$ の増減が変わること」です．

例：$f(x) = x^2$

①x で微分　…　$f'(x) = 2x$
②$f'(x) = 0$ となる x を求める　…　$2x = 0 \Leftrightarrow x = 0$
③$y = f(x)$ は $x = 0$ で極値をとる
④増減表を書く

x	$\cdots$	0	$\cdots$
$f'(x)$	$-$	0	$+$
$f(x)$	$\searrow$	0	$\nearrow$

⑤グラフを描くと下のようになります

第3章 変分原理とハミルトンの原理

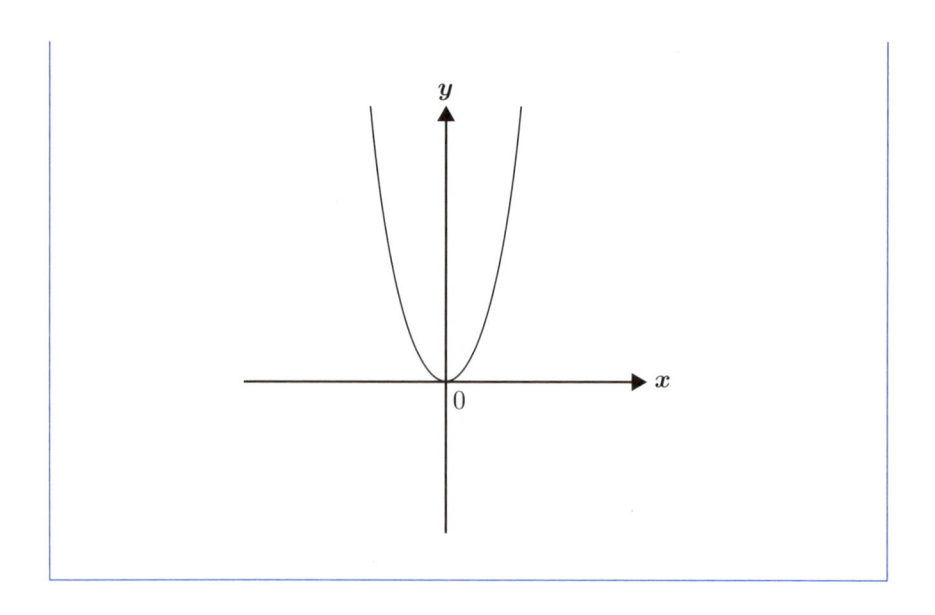

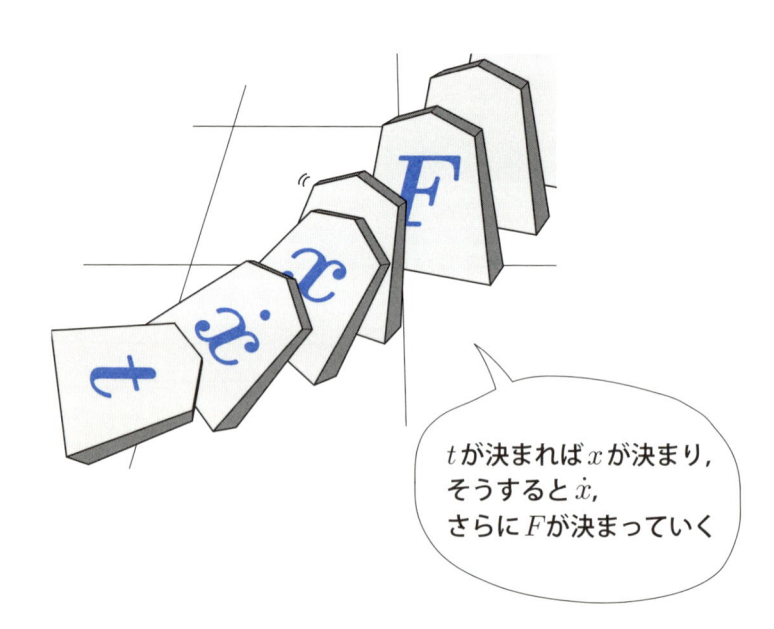

tが決まればxが決まり，そうすると$\dot{x}$，さらにFが決まっていく

3.2 オイラーの方程式

工学・物理などの分野では，微分方程式の中には汎関数に対するオイラーの方程式として導くものがあります．

汎関数

$$I[x] = \int_{t_0}^{t_1} F(x, \dot{x}) dt \qquad (3.2.1)$$

の変分問題を考えてみましょう．

ただし，

$$x = f(t) \qquad (3.2.2)$$

$$\dot{x} = \frac{df(t)}{dt} \qquad (3.2.3)$$

> $\dot{x}$ は $f(t)$ を時間 t で微分したもの

であり，区間 $t_0 \leq t \leq t_1$ の始点と終点における x の値は決めておきます．つまり，

始点：$t = t_0$ のとき，$x = x_0 = f(t_0)$

終点：$t = t_1$ のとき，$x = x_1 = f(t_1)$

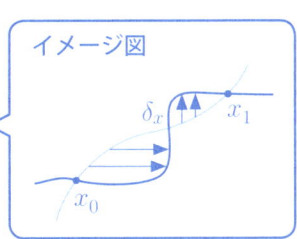

> イメージ図

として，この2点においては $\delta x = 0$ とします．

第3章 変分原理とハミルトンの原理

関数xの微小変化に対するIは

$$I[x+\delta x] = \int_{t_0}^{t_1} F(x+\delta x, \dot{x}+\delta \dot{x})dt \quad \text{(3.2.4)}$$

> (3.2.1)でxを$x+\delta x$, $\dot{x}$を$\dot{x}+\delta\dot{x}$にした式

となるので,変分δIは

$$\delta I = I[x+\delta x] - I[x] \quad \text{(3.1.3)を参照}$$

> (3.2.1)と(3.2.4)を代入

$$= \int_{t_0}^{t_1} \{F(x+\delta x, \dot{x}+\delta \dot{x}) - F(x, \dot{x})\}dt$$

$$= \int_{t_0}^{t_1} \left(\frac{\partial F}{\partial x}\delta x + \frac{\partial F}{\partial \dot{x}}\delta \dot{x}\right)dt \quad \text{(3.2.5)}$$

と表すことができます.

ここで,Iが極値となる,つまり,$\delta I = 0$となるためには,

$$\delta I = \int_{t_0}^{t_1} \left(\frac{\partial F}{\partial x}\delta x + \frac{\partial F}{\partial \dot{x}}\delta \dot{x}\right)dt = 0 \quad \text{(3.2.6)}$$

となればよいことがわかります.

始点と終点における x の値は決めており，$t=t_0$，および，$t=t_1$ で $\delta x = 0$ であることから，第2項目は，

> ⊖復習
> 部分積分を利用します．コラムを参照のこと．

$$\int_{t_0}^{t_1}\left(\frac{\partial F}{\partial \dot{x}}\delta \dot{x}\right)dt = \int_{t_0}^{t_1}\left\{\frac{\partial F}{\partial \dot{x}}\left(\frac{d}{dt}\delta x\right)\right\}dt$$

$$= \left[\frac{\partial F}{\partial \dot{x}}\delta x\right]_{t_0}^{t_1} - \int_{t_0}^{t_1}\left\{\left(\frac{d}{dt}\frac{\partial F}{\partial \dot{x}}\right)\delta x\right\}dt$$

$$= 0 - \int_{t_0}^{t_1}\left\{\left(\frac{d}{dt}\frac{\partial F}{\partial \dot{x}}\right)\delta x\right\}dt$$

$$= -\int_{t_0}^{t_1}\left\{\left(\frac{d}{dt}\frac{\partial F}{\partial \dot{x}}\right)\delta x\right\}dt \qquad (3.2.7)$$

となり，これを，式 (3.2.6) へ代入すると，

$$\int_{t_0}^{t_1}\left(\frac{\partial F}{\partial x} - \frac{d}{dt}\frac{\partial F}{\partial \dot{x}}\right)\delta x\, dt = 0 \qquad (3.2.8)$$

となります．したがって，

$$\frac{\partial F}{\partial x} - \frac{d}{dt}\frac{\partial F}{\partial \dot{x}} = 0 \qquad (3.2.9)$$

となり，少し形を変えてみると（左辺の2項の順を入れかえ両辺に (-1) をかける），

> この式は重要!!

$$\frac{d}{dt}\left(\frac{\partial F}{\partial \dot{x}}\right) - \frac{\partial F}{\partial x} = 0 \qquad (3.2.10)$$

となります．これをオイラーの方程式と呼びます．

部分積分と置換積分

(ⅰ) 部分積分

区間 $[a,b]$ 上で，$f(x)$, $g(x)$ が微分可能ならば

$$\int_a^b f(x)\,g'(x)\,dx = \Big[f(x)\,g(x)\Big]_a^b - \int_a^b f'(x)\,g(x)\,dx$$

(ⅱ) 置換積分

区間 $[\alpha,\beta]$ 上で，$x=g(t)$ が微分可能で，$a=g(\alpha)$, $b=g(\beta)$ ならば

$$\int_a^b f(x)\,dx = \int_\alpha^\beta f\big(g(t)\big)\,g'(t)\,dt$$

練習問題 3-1

(x, y) 平面上の2点 $O(0, 0)$, $A(a, b)$ を結ぶ最短経路を求めよ．

解答

解が直線になることは容易に想像できますが，変分によって解を求める練習をしましょう．

2点 OA 間を結ぶ任意の曲線を $y=f(x)$ とおき，曲線の長さを l とすると，l は次のように表すことができます．

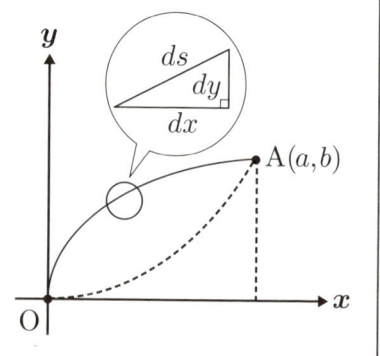

$$l = \int_O^A ds = \int_O^A \sqrt{dx^2 + dy^2} = \int_0^a \sqrt{1 + \left(\frac{dy}{dx}\right)^2}\,dx = \int_0^a \sqrt{1 + (y')^2}\,dx$$

ここで，関数lが最小となるような関数$y=f(x)$を求めることになります．(3.2.10) にこの問題を当てはめると，変数は$t \to x$, $x \to y$, $\dot{x} \to y'$となり，

$$F(y, y') = \sqrt{1+(y')^2}$$

とするとオイラーの方程式は，

$$\frac{d}{dx}\left(\frac{\partial F}{\partial y'}\right) - \frac{\partial F}{\partial y} = 0 \quad \cdots \text{ (1)}$$

　ここで，

$$\frac{\partial F}{\partial y'} = \frac{y'}{\sqrt{1+(y')^2}}, \quad \frac{\partial F}{\partial y} = 0$$

となりますので，(1) へ代入すると

$$\frac{d}{dx}\left(\frac{y'}{\sqrt{1+(y')^2}}\right) = 0$$

となり，$\dfrac{y'}{\sqrt{1+(y')^2}} = $ 一定

より，$y' = $ 一定

したがって，C, C'を定数として，

$$y = Cx + C'$$

となり，一次関数の式が得られ，解が直線となることがわかります．

3.3 ハミルトンの原理(最小作用の原理)

3.2 で得られたオイラーの方程式

$$\frac{d}{dt}\left(\frac{\partial F}{\partial \dot{x}}\right) - \frac{\partial F}{\partial x} = 0 \quad (3.3.1)$$

> ちなみに,読むときはたとえば第1項は,ディーディーティーパーシャルエフパーシャルエックスドットとなります.
> ∂ はパーシャル以外にラウンドとも読みます.

は,FをラグランジアンLに置き換えれば,ラグランジュの運動方程式

$$\frac{d}{dt}\left(\frac{\partial L}{\partial \dot{x}}\right) - \frac{\partial L}{\partial x} = 0 \quad (3.3.2)$$

と同じ形になることがわかります.これは,1個の質点の1次元の運動の場合に対応しています.

L が2個以上の関数 x_i, および, その導関数 $\dot{x}_i$ からなる汎関数である場合についても同じようにラグランジュの運動方程式が導かれ, 例えば, N 個の質点の3次元の運動の場合は, 次のようになります.

$$\frac{d}{dt}\left(\frac{\partial L}{\partial \dot{x}_i}\right) - \frac{\partial L}{\partial x_i} = 0, \quad (i = 1, 2, 3, \cdots, 3N) \quad (3.3.3)$$

この式をオイラー－ラグランジュ方程式と呼ぶこともあります.

この方程式は, ラグランジアン L を時間で積分した量

$$I[x_i] = \int_{t_0}^{t_1} L(x_i, \dot{x}_i) dt \quad (3.3.4)$$

の極値を求めることにより与えられます. また, この汎関数 I を作用と呼びます（作用・反作用の作用とは関係がありません）.

運動方程式や, その解が作用の変分問題を解くことによっ

て与えられるという原理は**ハミルトンの原理**，または，**最小作用の原理**と呼ばれます．

　ここで，注意しておきたいことがあります．変分原理では，関数x_iをわずかに変化させても，**作用Iの積分が変わらない**ので，(3.3.4)において，位置を表す関数（座標）としてのx_iを，直交座標のみならず，極座標や，その他の適当な座標で表現しても(3.3.3)が成立します．このことは，第2章で直交座標と極座標の例を示すことによって説明してきました．

　このように，ラグランジュの運動方程式は，特定の座標（x, y, zやr, θ, ϕなど）にこだわることなく，一般的な議論を同じような形式で行うことができるという大きな利点があります．そこで，方程式の中に出てくる座標を表す変数x_iを**一般化座標**，または，**広義座標**と呼び，今後q_iと表すことにしてラグランジュの運動方程式を次のように表します．

$$\frac{d}{dt}\left(\frac{\partial L}{\partial \dot{q}_i}\right) - \frac{\partial L}{\partial q_i} = 0$$

> この式は重要!!

3.4 直交座標と一般化座標の関係

　ラグランジュの運動方程式は，直交座標でも，極座標でも，他のどのような座標系でも，方程式の形が変わらない利点があることを説明してきました．そして，そこで用いられる座標のことを<u>一般化座標</u>と呼びます．なぜ方程式の形が座標系によらず，直交座標の場合と変わらないのかを説明するため，ここでは，まず，直交座標と一般化座標の関係を見ていきたいと思います．

一般に，3次元におけるN個の質点の位置を表す直交座標$x_i\,(i=1,\,2,\,3,\,\cdots,\,3N)$と，それに変わる一般化座標で用いる変数を$q_i\,(i=1,\,2,\,3,\,\cdots,\,3N)$とすると，これらの間には次の関係があります．

$$x_i = X_i(q_1,\,q_2,\,q_3,\,\cdots,\,q_{3N}) \quad i=1,\,2,\,3,\,\cdots,\,3N \quad (3.4.1)$$

このようにx_iはq_iの関数であると表すことができます．

これだけではよくわかりませんので，例えば，2次元の1質点の場合について直交座標$(x,\,y)$と，極座標$(r,\,\theta)$の関係を考えてみましょう．

> **→考え方**
> 2次元の1質点とは，「平面上を1つの物体が動く」ということです．

2次元において，直交座標と極座標の間には次のような関係がありました．

$$x = r\cos\theta \quad (3.4.2)$$

$$y = r\sin\theta \quad (3.4.3)$$

ここで，xもyもそれぞれ，rおよびθの関数となっていますので，$(x,\,y)=(x_1,\,x_2)$，$(r,\,\theta)=(q_1,\,q_2)$と文字を置き換えると，x_1, x_2はそれぞれq_1, q_2の関数となっていますから，

$$x_1 = X_1(q_1,\,q_2) \quad (3.4.4)$$
$$x_2 = X_2(q_1,\,q_2) \quad (3.4.5)$$

という形で表すことができ，(3.4.1)が成り立っていることがわかります．

ここで，再び(3.4.1)に戻り，x_iの時間微分$\dot{x}_i$について考えてみましょう．

$$\dot{x}_i = \frac{dX_i}{dt} = \frac{\partial X_i}{\partial q_1}\frac{dq_1}{dt} + \frac{\partial X_i}{\partial q_2}\frac{dq_2}{dt} + \frac{\partial X_i}{\partial q_3}\frac{dq_3}{dt} + \cdots + \frac{\partial X_i}{\partial q_{3N}}\frac{dq_{3N}}{dt}$$

$$= \frac{\partial X_i}{\partial q_1}\dot{q}_1 + \frac{\partial X_i}{\partial q_2}\dot{q}_2 + \frac{\partial X_i}{\partial q_3}\dot{q}_3 + \cdots + \frac{\partial X_i}{\partial q_{3N}}\dot{q}_{3N} \quad (3.4.6)$$

$$= \sum_{j=1}^{3N}\frac{\partial X_i}{\partial q_j}\dot{q}_j$$

> Σ（シグマ）記号を使うと同じことを何度も書く手間が省けます

となりますので，$\dot{x}$ は q および $\dot{q}$ の関数となっていることがわかります．

ここで，$\dot{q}$ は**一般化速度**と呼ばれます．ただし，速度と呼ばれますが，普段，速度と呼んでいるものとは次元（ディメンション）が異なる場合があり，[m/s]の単位にならないことがあるということに注意しましょう．例えば，極座標の角度を表す座標 θ を時間で微分すると角速度になり，速度とは次元が異なります．

(3.4.6) より，$\dot{x}$ は次のように表すことができます．

$$\dot{x}_i = \dot{X}_i(q_1, q_2, q_3, \cdots q_{3N}, \dot{q}_1, \dot{q}_2, \dot{q}_3, \cdots, \dot{q}_{3N}) \quad (3.4.7)$$

また，次の関係も成り立ちます．

$$\frac{\partial \dot{x}_i}{\partial \dot{q}_j} = \frac{\partial x_i}{\partial q_j} \quad (3.4.8)$$

ラグランジアン L は x および $\dot{x}$ の関数でしたから，一般化座標 q および一般化速度 $\dot{q}$ の関数であるともみなすことができ，

$$L = L(q, \dot{q})$$

と表すこともできます．

> 補足
> 角速度の単位は rad/s
> rad はラジアンのことです．

第3章 変分原理とハミルトンの原理

練習問題 3-2

2次元の極座標の場合に

$$\frac{\partial \dot{x}_i}{\partial \dot{q}_j} = \frac{\partial x_i}{\partial q_j}$$

が成り立つことを示しなさい．

解 答

2次元の直交座標と極座標との間には

$$x = r\cos\theta \quad \cdots (1)$$
$$y = r\sin\theta \quad \cdots (2)$$

の関係があるので，

$$\frac{\partial x}{\partial r} = \cos\theta \quad \cdots (3)$$
$$\frac{\partial x}{\partial \theta} = -r\sin\theta \quad \cdots (4)$$
$$\frac{\partial y}{\partial r} = \sin\theta \quad \cdots (5)$$
$$\frac{\partial y}{\partial \theta} = r\cos\theta \quad \cdots (6)$$

> (3)(5)はθを定数とみなし，(4)(6)はrを定数とみなして微分します

また，(1)，(2)を時間微分すると，

$$\dot{x} = \dot{r}\cos\theta - r\dot{\theta}\sin\theta$$
$$\dot{y} = \dot{r}\sin\theta + r\dot{\theta}\cos\theta$$

となるので

$$\frac{\partial \dot{x}}{\partial \dot{r}} = \cos\theta \quad \cdots (7)$$
$$\frac{\partial \dot{x}}{\partial \dot{\theta}} = -r\sin\theta \quad \cdots (8)$$

> $\dot{\theta}$以外は定数とみなすので $(\dot{r}\sin\theta)' = 0$

> $\dot{r}$以外は定数とみなすので $(r\dot{\theta}\sin\theta)' = 0$

$$\frac{\partial \dot{y}}{\partial \dot{r}} = \sin\theta \quad \cdots (9)$$

$$\frac{\partial \dot{y}}{\partial \dot{\theta}} = r\cos\theta \quad \cdots (10)$$

したがって，(3) = (7)，(4) = (8)，(5) = (9)，(6) = (10) となるので

$$\frac{\partial \dot{x}_i}{\partial \dot{q}_j} = \frac{\partial x_i}{\partial q_j}$$

が成り立ちます．

練習問題 3-3

2次元の極座標の場合に，$\dot{x}_i = \dot{X}_i(q_1, q_2, \dot{q}_1, \dot{q}_2)$ が成り立つことを示しなさい．

解 答

$\dot{x}_i = \dot{X}_i(q_1, q_2, \dot{q}_1, \dot{q}_2)$ は (3.4.7) の一般式を 2 次元の極座標で 1 個の質点を扱う場合に対応しています．

2次元の直交座標と極座標との間には

$$x = r\cos\theta \quad \cdots (1)$$
$$y = r\sin\theta \quad \cdots (2)$$

の関係があるので，(1)，(2) を時間微分すると，

$$\dot{x} = \dot{r}\cos\theta - r\dot{\theta}\sin\theta \quad \cdots \text{ (3)}$$
$$\dot{y} = \dot{r}\sin\theta + r\dot{\theta}\cos\theta \quad \cdots \text{ (4)}$$

となりますので，$\dot{x}, \dot{y}$ はそれぞれ，$r, \theta, \dot{r}, \dot{\theta}$ の関数となっていますので次のように表すことができます．

$$\dot{x} = \dot{X}(r, \theta, \dot{r}, \dot{\theta}) \quad \cdots \text{ (5)}$$
$$\dot{y} = \dot{Y}(r, \theta, \dot{r}, \dot{\theta}) \quad \cdots \text{ (6)}$$

したがって，

$$\dot{x} = \dot{x}_1, \dot{y} = \dot{x}_2,$$
$$r = q_1, \theta = q_2,$$
$$\dot{r} = \dot{q}_1, \dot{\theta} = \dot{q}_2,$$
$$\dot{X} = \dot{X}_1, \dot{Y} = \dot{X}_2$$

と置き換えると，(5), (6) は

$$\dot{x}_1 = \dot{X}_1(q_1, q_2, \dot{q}_1, \dot{q}_2)$$
$$\dot{x}_2 = \dot{X}_2(q_1, q_2, \dot{q}_1, \dot{q}_2)$$

となり，

$$\dot{x}_i = \dot{X}_i(q_1, q_2, \dot{q}_1, \dot{q}_2)$$

が成り立っていることがわかります．

3次元の極座標

位置ベクトル $\boldsymbol{r}$（長さ r），$\boldsymbol{r}$ と z 軸のなす角 θ，質点の位置を xy 平面に射影した点と O を結ぶ線分と x 軸のなす角 φ，このとき，次が成り立ちます．

$$x = r\sin\theta\cos\varphi$$
$$y = r\sin\theta\sin\varphi$$
$$z = r\cos\theta$$

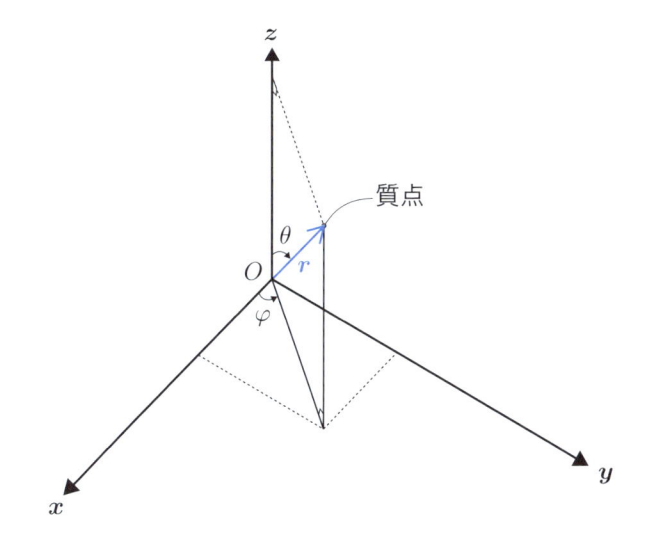

逆に (r, θ, φ) は x, y, z を用いて

$$r = \sqrt{x^2 + y^2 + z^2}$$
$$\theta = \tan^{-1}\frac{\sqrt{x^2 + y^2}}{z}$$
$$\varphi = \tan^{-1}\frac{y}{x}$$

と表すことができます．

3.5 一般化力

3次元の直交座標において，N個の質点に働く力の成分を $F_1, F_2, F_3, \cdots, F_{3N}$ と表し，各質点の微小変位 $dx_1, dx_2, dx_3, \cdots, dx_{3N}$ に対する力のする仕事

$$\delta W = F_1 dx_1 + F_2 dx_2 + F_3 dx_3 + \cdots + F_{3N} dx_{3N}$$
$$= \sum_{i=1}^{3N} F_i dx_i \qquad (3.5.1)$$

が，一般化座標を用いた場合，どのようになるか考えたいと思います．

各質点の微小変位 dx_i は，一般化座標 $q_1, q_2, q_3, \cdots, q_{3N}$ を用いて表すと次のようになります．

$$dx_i = \frac{\partial x_i}{\partial q_1} dq_1 + \frac{\partial x_i}{\partial q_2} dq_2 + \frac{\partial x_i}{\partial q_3} dq_3 + \cdots + \frac{\partial x_i}{\partial q_{3N}} dq_{3N}$$
$$= \sum_{j=1}^{3N} \frac{x_i}{q_j} dq_j \qquad (3.5.2)$$

これを (3.5.1) へ代入すると，

$\sum_{i=1}^{3N} dx_i$ を □ におきかえました

$$\delta W = \sum_{i=1}^{3N} \sum_{j=1}^{3N} F_i \frac{\partial x_i}{\partial q_j} dq_j \qquad (3.5.3)$$

となります．

ここで，

$$Q_j = \sum_{i=1}^{3N} F_i \frac{\partial x_i}{\partial q_j} \quad (3.5.4)$$

とおき，(3.5.3) へ代入すると，

$$\delta W = \sum_{j=1}^{3N} Q_j dq_j \quad (3.5.5)$$

仕事は，力と変位のスカラー積から求められますから，ここでの Q_j は力に対応しており，一般化座標に対する一般化力と呼ばれています．ただし，一般化速度と同様に，必ずしも力の次元（$[N]$ で表される単位）にならないということに注意しましょう．

直交座標における力 F_i が保存力の場合には，ポテンシャルを U とすると，

$$F_i = -\frac{\partial U}{\partial x_i} \quad (3.5.6)$$

と表すことができますので，これを (3.5.4) へ代入してまとめると次のようになります．

$$\begin{aligned} Q_j &= \sum_{i=1}^{3N} F_i \frac{\partial x_i}{\partial q_j} \\ &= \sum_{i=1}^{3N} \left(-\frac{\partial U}{\partial x_i} \right) \frac{\partial x_i}{\partial q_j} \\ &= -\frac{\partial U}{\partial q_j} \quad (3.5.7) \end{aligned}$$

> 分数ではないので "約分" はできませんが，そのように考えることができることを利用しています

これは，直交座標の場合の式 (3.5.6) と全く同じ形式になっていることがわかります．

3.6 一般化運動量

直交座標を用いた場合，運動エネルギーをTとすると，運動量p_iは，

$$p_i = \frac{\partial T}{\partial \dot{x}_i} \quad (3.6.1)$$

（Tを$\dot{x}_i$で偏微分）

により与えられます．

例えば，2次元の場合では，

$$p_x = \frac{\partial T}{\partial \dot{x}}, \quad p_y = \frac{\partial T}{\partial \dot{y}} \quad (3.6.2)$$

となります．

ここで，一般化座標を用いた場合の運動量について考えたいと思います．次の量を定義し，これを一般化座標q_iに共役な**一般化運動量**と呼びます．

$$p_i = \frac{\partial T}{\partial \dot{q}_i} \quad (3.6.3)$$

Tは$\dot{x}_i$の関数であり，$\dot{x}_i$は (3.4.7) のように$\dot{q}_i$を含むと考えると，次のように変形することができます．

$$p_i = \frac{\partial T}{\partial \dot{q}_i}$$

$$= \frac{\partial T}{\partial \dot{x}_1}\frac{\partial \dot{x}_1}{\partial \dot{q}_i} + \frac{\partial T}{\partial \dot{x}_2}\frac{\partial \dot{x}_2}{\partial \dot{q}_i} + \frac{\partial T}{\partial \dot{x}_3}\frac{\partial \dot{x}_3}{\partial \dot{q}_i} + \cdots + \frac{\partial T}{\partial \dot{x}_{3N}}\frac{\partial \dot{x}_{3N}}{\partial \dot{q}_i}$$

$$= \sum_{j=1}^{3N} \frac{\partial T}{\partial \dot{x}_j}\frac{\partial \dot{x}_j}{\partial \dot{q}_i} \tag{3.6.4}$$

ここで，(3.4.8) で導いた直交座標と一般化座標の関係

$$\frac{\partial \dot{x}_i}{\partial \dot{q}_j} = \frac{\partial x_i}{\partial q_j}$$

を用いると，(3.6.4) は次のように変形できます．

$$p_i = \sum_{j=1}^{3N} \frac{\partial T}{\partial \dot{x}_j}\frac{\partial x_j}{\partial q_i} \tag{3.6.5}$$

ここで，両辺を時間微分します．

> $\dfrac{\partial x_j}{\partial q_i}$ は q の関数

$$\dot{p}_i = \sum_{j=1}^{3N}\left(\frac{d}{dt}\left(\frac{\partial T}{\partial \dot{x}_j}\right)\right)\frac{\partial x_j}{\partial q_i} + \sum_{j=1}^{3N}\frac{\partial T}{\partial \dot{x}_j}\left(\frac{d}{dt}\left(\frac{\partial x_j}{\partial q_i}\right)\right) \tag{3.6.6}$$

右辺第 1 項は，直交座標における次の関係式

$$\frac{\partial T}{\partial \dot{x}_j} = m_j \dot{x}_j \tag{3.6.7}$$

を用いて次のように変形することができます．

$$\sum_{j=1}^{3N}\left(\frac{d}{dt}\left(\frac{\partial T}{\partial \dot{x}_j}\right)\right)\frac{\partial x_j}{\partial q_i} = \sum_{j}^{3N}\left(\frac{d}{dt}(m_j \dot{x}_j)\right)\frac{\partial x_j}{\partial q_i}$$

$$= \sum_{j}^{3N}(m_j \ddot{x}_j)\frac{\partial x_j}{\partial q_i}$$

$$= \sum_{j}^{3N} F_j \frac{\partial x_j}{\partial q_i}$$

$$= Q_i \qquad (3.6.8)$$

ただし,F は直交座標における力,Q は (3.5.4) で導いた一般化力です.

次に,(3.6.7) の右辺第 2 項は次のように変形することができます.

$$\sum_{j=1}^{3N}\frac{\partial T}{\partial \dot{x}_j}\left(\frac{d}{dt}\left(\frac{\partial x_j}{\partial q_i}\right)\right) = \sum_{j=1}^{3N}\frac{\partial T}{\partial \dot{x}_j}\left(\frac{\partial \dot{x}_j}{\partial q_i}\right)$$

$$= \frac{\partial T}{\partial q_i} \qquad (3.6.9)$$

したがって,(3.6.8) および (3.6.9) を (3.6.6) へ代入すると,

$$\dot{p}_i = Q_i + \frac{\partial T}{\partial q_i} \qquad (3.6.10)$$

となり,

$$\dot{p}_i = \frac{d}{dt}p_i = \frac{d}{dt}\left(\frac{dT}{d\dot{q}_i}\right) \qquad (3.6.11)$$

の関係を用いて (3.6.10) を変形すると

$$\frac{d}{dt}\left(\frac{dT}{d\dot{q}_i}\right) - \frac{\partial T}{\partial q_i} = Q_i \qquad (3.6.12)$$

と表すことができます．

ここで復習しておきましょう．力 F が保存力であるとは，微小変位 dr に対する仕事 $F \cdot dr$ を全微分の形で表すことができるということでした．

一般化力が (3.5.7) のように保存力の場合は，

$$\frac{d}{dt}\left(\frac{dT}{d\dot{q}_i}\right) - \frac{\partial T}{\partial q_i} = -\frac{\partial U}{\partial q_i} \qquad (3.6.13)$$

となり，次のように変形して

$$\frac{d}{dt}\left(\frac{dT}{d\dot{q}_i}\right) - \left(\frac{\partial T}{\partial q_i} - \frac{\partial U}{\partial q_i}\right) = 0$$

$$\frac{d}{dt}\left(\frac{dT}{d\dot{q}_i}\right) - \left(\frac{\partial (T-U)}{\partial q_i}\right) = 0$$

ラグランジアン $L = T - U$ を用いると

$$\frac{d}{dt}\left(\frac{dL}{d\dot{q}_i}\right) - \frac{\partial L}{\partial q_i} = 0 \qquad (3.6.14)$$

となります．

一般化座標によるラグランジュの運動方程式が導かれ，どのような座標系を用いても方程式の形が変わらないことがわかります．

第4章 ハミルトンの正準方程式

ポイント

　解析力学では，ラグランジュの運動方程式とは別に，ハミルトンの正準方程式というものが出てきます．
　ラグランジュの運動方程式は，時間による微分を含んだ方程式でしたが，方程式の中に含まれている $\dot{q}$ がすでに時間の1階微分であるため，結果として，方程式は時間の2階微分の形となってしまいます．このことは，時に，式を複雑な形にしたり，解きにくくなったりと，理論を展開する上ですっきりしないことが出てきます．
　ここでは，運動方程式を時間の1階微分の形式で表し，また，対象性を持つ方程式を導入してより便利な形にできるハミルトニアンの考えを説明していきます．

4.1 ルジャンドル変換

簡単のため，2つの独立変数 x, y からなる関数 $F(x, y)$ があるとします．x, y それぞれが微小変化するとき，関数 F の微小変化は次のように表されます．

$$dF = \frac{\partial F}{\partial x}dx + \frac{\partial F}{\partial y}dy \quad (4.1.1)$$

> 右辺の第1項は x 方向の微小変化，第2項は y 方向の微小変化を表しています．

> **参照**
> 一般化運動量 p_i と $\dot{q}_i$ には
> $p_i = \frac{\partial L}{\partial \dot{q}_i}$
> という関係があったことを思いだしておこう．

ここで，

$$A = \frac{\partial F}{\partial x} \quad (4.1.2)$$

とおき，次の関数を定義します．

$$G = Ax - F \quad (4.1.3)$$

A も変数であると考えると，A, x, y それぞれが微小変化するときの関数 G の微小変化は

4-1 ルジャンドル変換

$$\begin{aligned} dG &= d(Ax) - dF \\ &= xdA + Adx - \left(\frac{\partial F}{\partial x}dx + \frac{\partial F}{\partial y}dy\right) \\ &= xdA + Adx - \left(Adx + \frac{\partial F}{\partial y}dy\right) \quad (4.1.4)\\ &= xdA - \frac{\partial F}{\partial y}dy \end{aligned}$$

> (4.1.1) の右辺第1項の $\dfrac{\partial F}{\partial x}$ を置き換えます

となり，dx に関する項が消え，その結果，関数 G は，A と y の 2 つの独立変数からなる関数 $G(A, y)$ なっていることがわかります．この $F(x, y)$ から $G(A, y)$ への変換を**ルジャンドル変換**と呼びます．

ここで，x と A は互いに**共役**と呼ばれ，(4.1.4) から次のような関係も導かれます．

$$x = \frac{\partial G}{\partial A} \quad (4.1.5)$$

> (4.1.2) は $A = \dfrac{\partial F}{\partial x}$ でした

(4.1.2) と (4.1.5) は対称的な関係になっていることがわかります．

この例では，2 つの独立変数のうち，ひとつを入れ替えたものとなっていますが，独立変数が n 個あり，それらを変換する場合について考えてみましょう．

$x_1, x_2, x_3, \cdots, x_n$ からなる関数 $F(x_1, x_2, x_3, \cdots, x_n)$ について，

$$A_i = \frac{\partial F}{\partial x_i}$$

とおき，次の関数

$$G = \sum_{i=1}^{n} A_i x_i - F$$

を定義すると，$x_1, x_2, x_3 \cdots, x_n$ から共役な変数 A_1, A_2, A_3 $\cdots, A_n$ による記述に変換されます．

⚠ 注意

$x_1, x_2, \cdots, x_n$ についてルジャンドル変換を行うと，(4.1.3) $G = Ax - F$ より，

$$\frac{\partial F}{\partial A} = -\frac{\partial G}{\partial A}$$

のように偏微分には負の記号がつく．

$$(x, F) \to (y, G)$$
$$F(x, y) \to G(A, y)$$
$$F = F(x_1, \cdots x_r, \alpha_1, \cdots \alpha_s) \text{のとき}$$

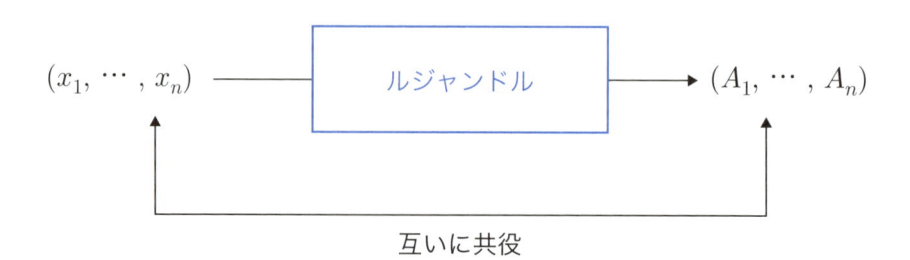

$(x_1, \cdots, x_n)$ ─── [ルジャンドル] ───→ $(A_1, \cdots, A_n)$

互いに共役

偏微分

$\dfrac{\partial f}{\partial x}$, $\dfrac{\partial f}{\partial y}$ は何が違うかおわかりですね？ f という関数を x で微分しているのが，$\dfrac{\partial f}{\partial x}$, y で微分しているのが $\dfrac{\partial f}{\partial y}$ です．

式で書くと次のようになります．

$$\frac{\partial y}{\partial x} = \lim_{\Delta x \to 0} \frac{\partial(x + \Delta x, y) - \partial(x, y)}{\Delta x}$$

y は変化していないことがポイントです．物理や工学では変数がもっと多くなる現象が多く存在します．何の変化を見て（調べて）いるのか，という観点は，ある現象を微分方程式のような式に表わすとき，とても重要です．

ついでに，下の式も復習しておきましょう．

$$df = \frac{\partial f}{\partial x} dx + \frac{\partial f}{\partial y} dy$$

これは，x と y が同時に変化したとき，f 全体の変化を表した式です．

$$\frac{\partial^2 f}{\partial x^2} = \frac{\partial}{\partial x}\left(\frac{\partial f}{\partial x}\right)$$

$$\frac{\partial^2 f}{\partial x \partial y} = \frac{\partial}{\partial y}\left(\frac{\partial f}{\partial x}\right), \quad \frac{\partial^2 f}{\partial y \partial x} = \frac{\partial}{\partial x}\left(\frac{\partial f}{\partial y}\right)$$

> ただし，$\dfrac{\partial^2 f}{\partial x \partial y}$, $\dfrac{\partial^2 f}{\partial y \partial x}$ が連続のとき，これらは等しくなります．証明は数学の書に譲りましょう．

4.2 正準方程式

一般化座標 q を用いると，ラグランジュの運動方程式は，（3次元における N 個の質点を扱う場合）次のようになりました．

$$\frac{d}{dt}\left(\frac{\partial L}{\partial \dot{q}_i}\right) - \frac{\partial L}{\partial q_i} = 0 \quad (i=1,\,2,\,3,\cdots 3N) \quad (4.2.1)$$

また，ラグランジアン L は一般化座標 q_i，および，その時間微分 $\dot{q}_i$ 関数であり，$L = L(q_1,\,q_2,\,q_3,\cdots,\,q_{3N},\,\dot{q}_1,\,\dot{q}_2,\,\dot{q}_3,\cdots,\,\dot{q}_{3N})$ の形で表されます（ここでは，L が時間 t を直接には含まない関数である場合の議論を進めていきます）．

ここで，$\dot{q}_i$ について，共役な量

$$p_i = \frac{\partial L}{\partial \dot{q}_i} \quad (4.2.2)$$

を導入し，ルジャンドル変換を考えることにします．すでにわかっていることですが，p_i は一般化運動量に対応しています．

後々のために，次の関係を導いておきます．(4.2.2) を (4.2.1) へ代入すると，

$$\frac{d}{dt}(p_i) - \frac{\partial L}{\partial q_i} = 0 \quad (4.2.3)$$

より，

$$\left.\begin{array}{l}\text{比較}\\ p_i = \dfrac{\partial L}{\partial q_i}\end{array}\right\} \dfrac{\partial L}{\partial q_i} = \dot{p}_i \qquad (4.2.4)$$

となります．(4.2.2) と非常によく似ていますが両者が異なることに注意してください（対称的になっているということにも注意しましょう）．

ここで，ルジャンドル変換を考えるため，次の関数

$$H = \sum_i^{3N} p_i \dot{q}_i - L \qquad (4.2.5)$$

を定義すると，

$$\dfrac{\partial H}{\partial p_i} = \dot{q}_i \qquad (4.2.6)$$

$$\dfrac{\partial H}{\partial q_i} = -\dfrac{\partial L}{\partial q_i} \qquad (4.2.7)$$

となります．ここで，(4.2.4) を (4.2.7) へ代入して

$$\dfrac{\partial H}{\partial q_i} = -\dot{p}_i \qquad (4.2.8)$$

が得られます．(4.2.6) と (4.2.8) を少し書き直して以下のようにまとめます．

第4章 ハミルトンの正準方程式

> 一般化運動量の逆変換

$$\dot{q}_i = \frac{\partial H}{\partial p_i}$$

$$\dot{p}_i = -\frac{\partial H}{\partial q_i}$$

この 2 つの式は**ハミルトンの正準方程式**，H は**ハミルトニアン**と呼ばれます．ハミルトンの正準方程式は，2 階の微分方程式であるラグランジュの運動方程式を，連立の 1 階微分方程式に書き換えたものとなっています．

また，位置 q_i と運動量 p_i の変数の組 $\{q_i, p_i\}$ は**正準変数**と呼ばれ，合計 $6N$ 個の正準変数を座標軸とする空間を**位相空間**と呼びます．

> **補足**
> 2 次元の位相空間は楕円です．後述の練習問題 **4-3** をご参照のこと．

ハミルトンの正準方程式

$$\dot{q}_i = \frac{\partial H}{\partial p_i}$$

$$\dot{p}_i = -\frac{\partial H}{\partial q_i}$$

4.3 ハミルトニアン

ラグランジアン L は $L = T - U$ で，運動エネルギーとポテンシャルエネルギーの差を表していました．ここでは，ハミルトニアンが何を表しているのかを考えてみましょう．

一般化座標 q_i，その時間微分 $\dot{q}_i$，さらに，

$$\frac{\partial L}{\partial \dot{q}_i} = p_i$$

を思いだしてみましょう．このとき，

$$H = \sum_{i=1}^{3N} p_i \dot{q}_i - L \qquad (4.3.1)$$

（$p_1\dot{q}_1 + p_2\dot{q}_2 + \cdots + p_{3N}\dot{q}_{3N}$ のこと）

において，ポテンシャルエネルギー U が $\dot{q}$ に依存しない場合，

$$\begin{aligned} p_i &= \frac{\partial L}{\partial \dot{q}_i} \\ &= \frac{\partial (T - U)}{\partial \dot{q}_i} \\ &= \frac{\partial T}{\partial \dot{q}_i} \end{aligned} \qquad (4.3.2)$$

L を $T-U$ におきかえただけ

U は $\dot{q}$ に依存しないので無視できる

となります．

これを (4.3.1) の右辺第1項目に代入すると次のようになります．

第4章 ハミルトンの正準方程式

$$H = \sum_i^{3N} p_i \dot{q}_i - L \quad (4.3.3)$$

ここで，運動エネルギー T は直交座標では

$$T = \sum_i \frac{1}{2} m_i \dot{x}_i^2 \quad (4.3.4)$$

> 補足
> 直交座標はデカルト座標ともいいます．

と表されます．3章で学んだように，直交座標と一般化座標の間には次の関係がありましたので，

$$\dot{x}_i = \sum_{j=1} \frac{\partial x_i}{\partial q_j} \dot{q}_j \quad (4.3.5)$$

一般化座標における運動エネルギー T は，$\dot{q}$ の2次関数で，係数に½がついたものとなります．

$$T = \sum_i \frac{1}{2} m_i \left(\sum_{j=1} \frac{\partial x_i}{\partial q_j} \dot{q}_j \right)^2$$

> $\dot{q}_j$ の2次関数であることがわかります

ここで，$\dfrac{\partial T}{\partial \dot{q}_i}$ について考えます．

T を $\dot{q}$ で偏微分すると，$\dot{q}$ の1次関数が得られ，係数は $1 (= ½\text{の2倍})$ となります．したがって，それに $\dot{q}$ をかけた形である (4.3.3) は

$$\sum_i^{3N} p_i \dot{q}_i = \sum_i^{3N} \left(\frac{\partial T}{\partial \dot{q}_i} \right) \dot{q}_i = 2T \quad (4.3.6)$$

となることがわかります．(4.3.6) を (4.3.1) へ代入すると，

$$\begin{aligned} H &= 2T - L \\ &= 2T - (T - U) \\ &= T + U \end{aligned} \quad (4.3.7)$$

> ラグランジアン L は $L = T - U$

となり，ハミルトニアンは，運動エネルギーTとポテンシャルエネルギーUの和，つまり，力学的な全エネルギーを表していることがわかります．

> **まとめ**
> ラグランジアンLは$L = T - U$
> ハミルトニアンHは$H = T + U$

練習問題 4-1

2次元の一般化座標 (q_1, q_2) において,ひとつの質点(質量 m)の運動エネルギーを T としたとき,

$$\sum_{i=1}^{2} \frac{\partial T}{\partial \dot{q}_i} \dot{q}_i = 2T$$

が成立することを示しなさい.

ただし,一般化座標 (q_1, q_2) と直交座標 (x_1, x_2) の間には,

$$x_1 = x_1\,(q_1, q_2)$$
$$x_2 = x_2\,(q_1, q_2)$$

の関係があるものとする.

ヒント

まず,質点における運動エネルギー T は…と考えてみましょう.

解 答

直交座標において,運動エネルギー T は次のように表されます.

$$T = \frac{1}{2} m (\dot{x}_1^2 + \dot{x}_2^2) \quad \cdots (1)$$

> ここでは,時間は含まれないことに注意!

$$\dot{x}_1 = \frac{\partial x_1}{\partial q_1} \dot{q}_1 + \frac{\partial x_1}{\partial q_2} \dot{q}_2 \quad \cdots (2)$$

$$\dot{x}_2 = \frac{\partial x_2}{\partial q_1} \dot{q}_1 + \frac{\partial x_2}{\partial q_2} \dot{q}_2 \quad \cdots (3)$$

(2),(3)を(1)へ代入すると,

4-3 ■ ハミルトニアン

$$T = \frac{1}{2}m\left\{\left(\frac{\partial x_1}{\partial q_1}\dot{q}_1 + \frac{\partial x_1}{\partial q_2}\dot{q}_2\right)^2 + \left(\frac{\partial x_2}{\partial q_1}\dot{q}_1 + \frac{\partial x_2}{\partial q_2}\dot{q}_2\right)^2\right\}$$

$$= \frac{1}{2}m\left\{\left(\left(\frac{\partial x_1}{\partial q_1}\right)^2 + \left(\frac{\partial x_2}{\partial q_1}\right)^2\right)\dot{q}_1^2 + 2\left(\frac{\partial x_1}{\partial q_1}\frac{\partial x_1}{\partial q_2} + \frac{\partial x_2}{\partial q_1}\frac{\partial x_2}{\partial q_2}\right)\dot{q}_1\dot{q}_2\right.$$

$$\left. + \left(\left(\frac{\partial x_1}{\partial q_2}\right)^2 + \left(\frac{\partial x_2}{\partial q_2}\right)^2\right)\dot{q}_2^2\right\}$$

> ⊖ 復習
> 基本ですが
> $(x+y)^2 = x^2 + 2xy + y^2$
> を利用して、項を整理していきます。

となるので，

$$\sum_{i=1}^{2}\frac{\partial T}{\partial \dot{q}_i}\dot{q}_i = \frac{\partial T}{\partial \dot{q}_1}\dot{q}_1 + \frac{\partial T}{\partial \dot{q}_2}\dot{q}_2$$

> 示したかったのは
> $$\sum_{i=1}^{2}\frac{\partial T}{\partial \dot{q}_i}\dot{q}_i = 2T$$
> だったので、左辺を変形していって$2T$になればいいですね

$$= m\left\{\left(\left(\frac{\partial x_1}{\partial q_1}\right)^2 + \left(\frac{\partial x_2}{\partial q_1}\right)^2\right)\dot{q}_1^2\right.$$

$$+ 2\left(\frac{\partial x_1}{\partial q_1}\frac{\partial x_1}{\partial q_2} + \frac{\partial x_2}{\partial q_1}\frac{\partial x_2}{\partial q_2}\right)\dot{q}_1\dot{q}_2$$

$$\left. + \left(\left(\frac{\partial x_1}{\partial q_2}\right)^2 + \left(\frac{\partial x_2}{\partial q_2}\right)^2\right)\dot{q}_2^2\right\}$$

$$= 2T$$

練習問題 4-2

一次元の単振動（質量 m の質点がばね定数 k につながれて行う振動）のハミルトニアンを求めよ．

解 答

一次元の運動ですので，一般化座標 q を x で表します．
ラグランジアン L は

> 直交座標で表すということです

$$L = T - U$$
$$= \frac{1}{2}m\dot{x}^2 - \frac{1}{2}kx^2$$

となるので，x と共役な運動量 p は

$$p = \frac{\partial L}{\partial \dot{x}} = m\dot{x}$$

となり，ハミルトニアン H は

> $\dot{x} = \dfrac{p}{m}$ を代入

$$H = p\dot{x} - L$$
$$= p\dot{x} - \left(\frac{1}{2}m\dot{x}^2 - \frac{1}{2}kx^2\right)$$
$$= p\left(\frac{p}{m}\right) - \left\{\frac{1}{2}m\left(\frac{p}{m}\right)^2 - \frac{1}{2}kx^2\right\}$$
$$= \frac{1}{2}\frac{p^2}{m} + \frac{1}{2}kx^2 = T + U$$

右辺第 1 項は運動エネルギー T，右辺第 2 項はポテンシャルエネルギー U に対応していますから，$H = T + U$ となっていることが確かめられます．

練習問題 4-3

一次元の単振動（質量 m の質点がばね定数 k につながれて行う振動）におけるハミルトニアン H は

$$H = \frac{1}{2}\frac{p^2}{m} + \frac{1}{2}kx^2$$

で与えられる．

この系のハミルトンの正準方程式を求めなさい．

解 答

ハミルトンの正準方程式は，一次元の1質点の運動の場合，

$$\dot{q} = \frac{\partial H}{\partial p}, \quad \dot{p} = -\frac{\partial H}{\partial q} \quad \left[H(p, q) に対して \right]$$

と表されますので，ここでは，$q = x$ として，

$$\dot{x} = \frac{\partial H}{\partial p} = \frac{p}{m} \quad \cdots (1)$$

$$\dot{p} = -\frac{\partial H}{\partial x} = -kx \quad \cdots (2)$$

ここで，(1) の両辺を時間微分して変形すると

$$\dot{p} = m\ddot{x} \quad \left[\frac{d}{dt}\dot{x} = \frac{d}{dt}\frac{p}{m} \quad \ddot{x} = \frac{\dot{p}}{m} \right]$$

となり，これを (2) へ代入すると，

$$m\ddot{x} = -kx$$

となり，これは，ニュートンの運動方程式と同じ形になっています．

ここで，1質点の1次元単振動について，次の初期条件，

$$t=0のとき, \quad x=A, \quad および, \quad p=0$$

が与えられているときの質点の運動について考えてみましょう．
運動方程式 $m\ddot{x} = -kx$ より，この解は，$\omega = \sqrt{\dfrac{k}{m}}$ として

$$x = A\cos(\omega t) \qquad \cdots (3)$$

$$p = m\dot{x} = -mA\sin(\omega t) \qquad \cdots (4)$$

で与えられます．

　位置 x と運動量 p の組 (x, p) を正準変数，正準変数を座標軸とする空間を位相空間と呼びました（この場合は，$x-p$ 空間は平面になります）．位相空間について考えてみると，x と p は，全エネルギーを E とすると $T+U=E$ より

$$H = \frac{1}{2}\frac{p^2}{m} + \frac{1}{2}kx^2 = E \qquad \cdots (5)$$

を満足します．(3)，(4) を (5) に代入すると，

$$E = \frac{1}{2}kA^2$$

となりますので，これを用いて (5) を変形させると

$$\frac{p^2}{2mE} + \frac{x^2}{\left(\dfrac{2E}{k}\right)} = 1$$

より

$$\frac{p^2}{(\sqrt{2mE})^2} + \frac{x^2}{A^2} = 1$$

となり，(x, p) の軌跡は楕円を表し，エネルギー E が大きくなるにつれて楕円の形も大きくなります．

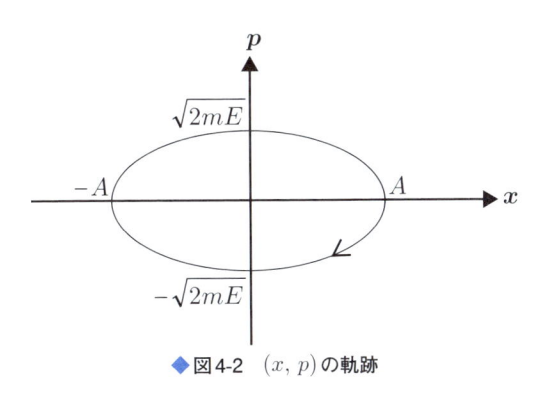

◆図4-2　(x, p) の軌跡

　正準変数が位相空間で描く軌跡は**トラジェクトリ**と呼ばれます．トラジェクトリを用いると，各位置における質点の速度や運動量など，振動の様子がわかりやすくなります．

楕円って何だっけ？

　練習問題**4-3**では，楕円が出てきました．どんな式でどんな特徴をもつ円だったか，カンタンにおさらいをしておきましょう．

　2点 $F = (e, 0)$ と $F' = (-e, 0)$ からの距離の和が $2a$ であるような点 $P(x, y)$ が作る曲線の方程式が

$$\frac{x^2}{a^2} + \frac{y^2}{b^2} = 1$$

を満たす円が楕円です．

第4章 ハミルトンの正準方程式

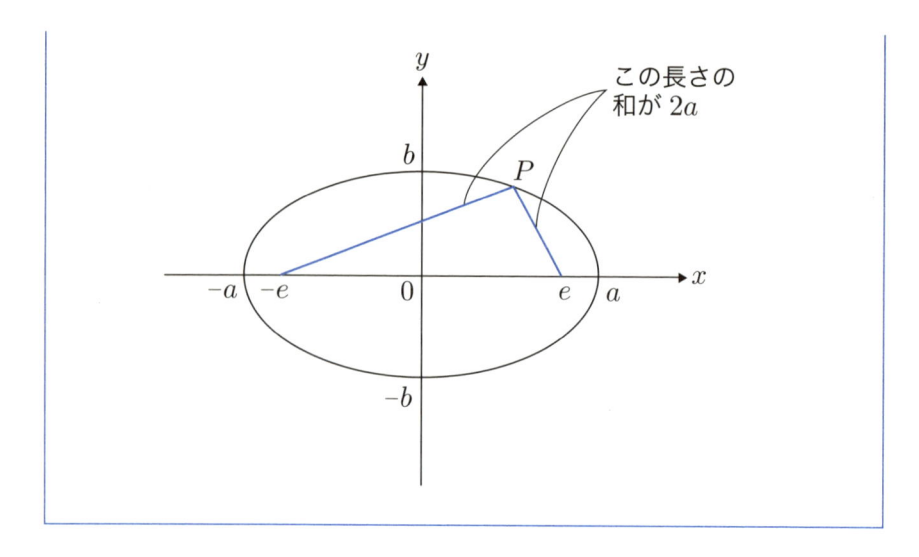

この長さの和が $2a$

単振動と円運動

単振動と円運動をいっしょに考えると，等速円運動，振動の周期について理解しやすくなります．

イメージしてみましょう

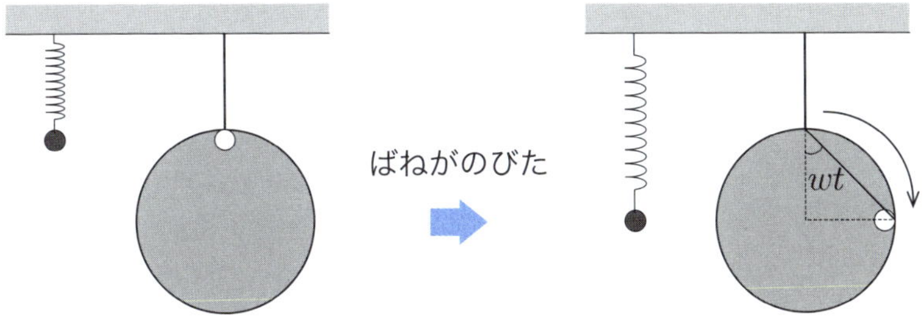

ばねがのびた

初期（時間 $t=0$）の状態

この状況を物理的に考えると，次のような式を立てることができます．

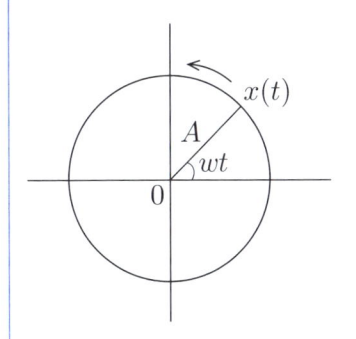

半径 A の等速円運動で，

A：時間 t における円運動の半径（振幅）
α：物体の初期位相
　（つまり $t=0$ のときの位相）
x：物体を射影した位置

とおくとき，

ωt は角振動数

$$x(t) = A\sin(\omega t + \alpha)$$

円運動の速さは

$(\cos(\omega t+\alpha))'=-\sin(\omega t+\alpha)$

$$\underaccent{\widetilde}{v(t)}=A\omega\cos(\omega t+\alpha)$$
$\dfrac{dx}{dt}$ のこと

同様にして加速度は，

$(\sin(\omega t+\alpha))'=\omega\cos t$

$$\underaccent{\widetilde}{a(t)}=-A\omega^2\sin(\omega t+\alpha)$$
$\dfrac{d^2x}{dt^2}$ のこと

これは左の単振動で，$t=0$ のときの速さにほかなりません．

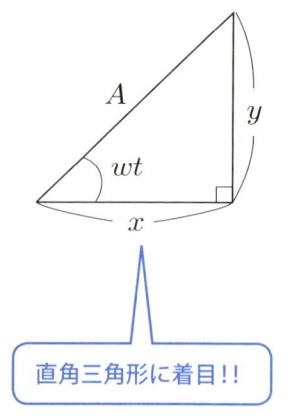

三角比から次が成り立ちました．
$x(t)=(x,\,y)$ とすると，

$$x=A\cos\omega t \quad \cdots ①$$
$$y=A\sin\omega t \quad \cdots ②$$

直角三角形に着目!!

①,②を各々 t で微分したものが速度ですから v とおくと，

$$v_x=-A\omega\sin\omega t$$
$$v_y=A\omega\cos\omega t$$

よって，

$$v = \sqrt{v_x{}^2 + v_y{}^2}$$

$$= A\omega \sqrt{\cos^2\omega t + \sin^2\omega t}$$

$$= A\omega \quad \boxed{\sin^2\theta + \cos^2\theta = 1 \text{ より}}$$

これは右の単振動で，$t=0$ のときの速さにほかなりません．

4.4 ハミルトンの原理

3章で述べたように，ラグランジュの運動方程式は変分原理を用いて導くことができ，微小変位に対して作用 I が

$$\delta I = \delta \int_{t_0}^{t_1} L dt = 0 \qquad (4.4.1)$$

となることから求めることができました．

ここでは，同様にして，ハミルトンの正準方程式も変分原理から導くことができることを確認しておきましょう．

ハミルトンの正準方程式は，何であったかというと，次の式でした．

$$\dot{p}_i = -\frac{\partial H}{\partial q_i}$$

$$\dot{q}_i = \frac{\partial H}{\partial p_i}$$

ラグランジアン L とハミルトニアン H の間には，次のような関係

$$H = \sum_i p_i \dot{q}_i - L \qquad (4.4.2)$$

がありましたので，これを用いて（4.4.1）を書き換えると，

$$\delta I = \delta \int_{t_0}^{t_1} \underbrace{\left(\sum_i p_i \dot{q}_i - H \right)}_{L} dt = 0 \qquad (4.4.3)$$

となります．

ただし，ここでは，位置 q_i の微小変化 δq_i と，運動量 p_i の微小変化 δp_i を考えることになります．また，始点 $(t=t_0)$ と終点 $(t=t_1)$ での状態は決めておき，いずれにおいても，$\delta q_i = 0$，$\delta p_i = 0$ であるとします．

(4.4.3)の左辺は次のように変形できます．

$$\delta I = \int_{t_0}^{t_1} \left(\sum_i \delta(p_i \dot{q}_i) - \delta H \right) dt$$

$$= \int_{t_0}^{t_1} \left(\sum_i (\dot{q}_i \delta p_i + p_i \delta \dot{q}_i) - \delta H \right) dt \quad (4.4.4)$$

$$= \int_{t_0}^{t_1} \sum_i \left((\dot{q}_i \delta p_i + p_i \delta \dot{q}_i) - \left(\frac{\delta H}{\delta q_i} \delta q_i + \frac{\delta H}{\delta p_i} \delta p_i \right) \right) dt$$

ここで，$\delta \dot{q}$ を消去するため，次の関係

$$\delta \dot{q}_i = \frac{d}{dt} \delta q_i \quad (4.4.5)$$

> そもそも $\delta \dot{q}$ は δq_i を時間 t で微分したもの

を用いると，(4.4.4)の第2項目の $p_i \delta \dot{q}_i$ の時間による積分は

$$\int_{t_0}^{t_1} p_i \delta \dot{q}_i dt = \int_{t_0}^{t_1} p_i \frac{d}{dt} \delta q_i dt \quad \text{部分積分}$$

$$= [p_i \delta q_i]_{t_0}^{t_1} - \int_{t_0}^{t_1} \frac{dp_i}{dt} \delta q_i dt \quad (4.4.6)$$

> ⮕ 復習
> 部分積分については90ページ参照のこと．

となります．ただし，始点 $(t=t_0)$ と終点 $(t=t_1)$ での条件 $\delta q_i = 0$ より，(4.4.6)の右辺第一項は0となり消えてし

まいますので，これを (4.4.4) へ代入すると，

$$\delta I = \int_{t_0}^{t_1} \sum_i \left(\left(\dot{q}_i \delta p_i - \frac{dp_i}{dt} \delta q_i \right) - \left(\frac{\delta H}{\delta q_i} \delta q_i + \frac{\delta H}{\delta p_i} \delta p_i \right) \right) dt$$

$$= \int_{t_0}^{t_1} \sum_i \left(\left(\dot{q}_i - \frac{\delta H}{\delta p_i} \right) \delta p_i - \left(\frac{dp_i}{dt} + \frac{\delta H}{\delta q_i} \right) \delta q_i \right) dt$$

となり，微小変化 δq_i，および，δp_i に対して，$\delta I = 0$ となるためには，

$$\dot{q}_i - \frac{\delta H}{\delta p_i} = 0 \ , \ \frac{dp_i}{dt} + \frac{\delta H}{\delta q_i} = 0$$

となればよいことがわかります．これはつまり，ハミルトンの正準方程式

$$\dot{q}_i = \frac{\partial H}{\partial p_i} \ , \ \dot{p}_i = -\frac{\partial H}{\partial q_i}$$

にほかなりません．

積分の復習

積分は高校数学でやります．少し復習しておきましょう．
$(x, 0)$に対して，微小Δx右側にずらすとき，その位置は，

$$(x + \Delta x, 0)$$

です．
このとき

$$\int dx$$

とは，長方形の面積xを表します．

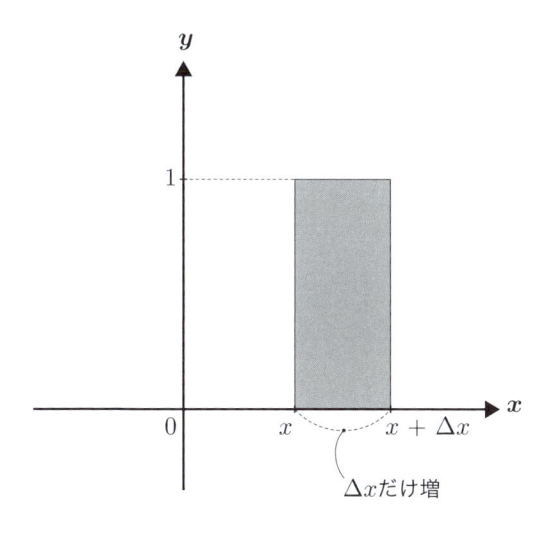

4.5 ポアソンの括弧式

　位置（一般化座標）とそれに共役な運動量，および，時間の関数で表される物理量 $A(q_i, p_i, t)$ を考えます（例としては，運動エネルギーや角運動量があります）．

　$A(q_i, p_i, t)$ の時間微分を考えると，

$$\frac{dA}{dt} = \frac{\partial A}{\partial t} + \sum_i \left(\frac{\partial A}{\partial q_i} \frac{\partial q_i}{\partial t} + \frac{\partial A}{\partial p_i} \frac{\partial p_i}{\partial t} \right)$$

$$= \frac{\partial A}{\partial t} + \sum_i \left(\frac{\partial A}{\partial q_i} \dot{q}_i + \frac{\partial A}{\partial p_i} \dot{p}_i \right) \quad (4.5.1)$$

となります．これにハミルトンの正準方程式

$$\dot{q}_i = \frac{\partial H}{\partial p_i}, \quad \dot{p}_i = -\frac{\partial H}{\partial q_i} \quad (4.5.2)$$

を代入すると，

$$\frac{dA}{dt} = \frac{\partial A}{\partial t} + \sum_i \left(\frac{\partial A}{\partial q_i} \frac{\partial H}{\partial p_i} - \frac{\partial A}{\partial p_i} \frac{\partial H}{\partial q_i} \right) \quad (4.5.3)$$

と変形することができます．右辺第二項は対象的な形になっていることがわかります．ここで(4.5.3)を次のように書き，

$$\frac{dA}{dt} = \frac{\partial A}{\partial t} + \{A, H\} \quad (4.5.4)$$

右辺第二項を

$$\{A, H\} = \sum_i \left(\frac{\partial A}{\partial q_i}\frac{\partial H}{\partial p_i} - \frac{\partial A}{\partial p_i}\frac{\partial H}{\partial q_i} \right) \quad (4.5.5)$$

と定義します．これをポアソンの括弧式と呼びます．

物理量Aに時間tを直接含まない一般化座標q_iや，一般化運動量p_iを考える場合，(4.5.4)の右辺第一項は0となりますので，

$$\dot{q}_i = \{q_i, H\}$$
$$\dot{p}_i = \{p_i, H\}$$

が得られます．これはハミルトンの正準方程式そのものとなっています．

> **練習問題 4-4**
>
> $\dot{q}_i = \{q_i, H\}$，および，$\dot{p}_i = \{p_i, H\}$ がハミルトンの正準方程式となっていることを示しなさい．

解 答

ポアソンの括弧式は，$\{A, H\} = \sum_i \left(\dfrac{\partial A}{\partial q_i} \dfrac{\partial H}{\partial p_i} - \dfrac{\partial A}{\partial p_i} \dfrac{\partial H}{\partial q_i} \right)$ で定義されますが，$A = q_i$，$A = p_i$ を考える際に，間違えないように，定義式の中の i を j と置き換えて考えます．

ここで，

$$i = j \text{のとき}, \quad \frac{\partial q_i}{\partial q_j} = 1$$

$$i \neq j \text{のとき}, \quad \frac{\partial q_i}{\partial q_j} = 0$$

となります．したがって，

$$\{q_i, H\} = \sum_j \left(\frac{\partial q_i}{\partial q_j} \frac{\partial H}{\partial p_j} - \frac{\partial q_i}{\partial p_j} \frac{\partial H}{\partial q_j} \right)$$

$$= \frac{\partial H}{\partial p_i}$$

が得られ，

$$\dot{q}_i = \{q_i, H\}$$

$$= \frac{\partial H}{\partial p_i}$$

であることがわかります．

$\dot{p}_i = \{p_i, H\}$ についても同様に,

$$\dot{p}_i = \{p_i, H\} = \sum_j \left(\frac{\partial p_i}{\partial q_j} \frac{\partial H}{\partial p_j} - \frac{\partial p_i}{\partial p_j} \frac{\partial H}{\partial q_j} \right)$$

$$= -\frac{\partial H}{\partial q_i}$$

が得られ, $\dot{q}_i = \{q_i, H\}$, および, $\dot{p}_i = \{p_i, H\}$ がハミルトンの正準方程式となっていることが示されました.

練習問題 4-5

ポアソンの括弧式の変数に，正準変数を考えると，次のようになることを示しなさい．

$$\{q_i, q_j\}=0$$
$$\{p_i, p_j\}=0$$
$$\{q_i, p_j\}=\delta_{ij}$$

ただし，$\delta_{ij}=\begin{cases}1\,(i=j)\\0\,(i=j)\end{cases}$である．

解 答

$$\{q_i, q_j\} = \sum_k \left(\frac{\partial q_i}{\partial q_k}\frac{\partial q_j}{\partial p_k} - \frac{\partial q_i}{\partial p_k}\frac{\partial q_j}{\partial q_k} \right)$$

常に，$\dfrac{\partial q_j}{\partial p_k}=0$, $\dfrac{\partial q_i}{\partial p_k}=0$であるので，

$$\{q_i, q_j\} = \sum_k \left(\frac{\partial q_i}{\partial q_k}\frac{\partial q_j}{\partial p_k} - \frac{\partial q_i}{\partial p_k}\frac{\partial q_j}{\partial q_k} \right) = 0$$

同様に，

$$\{p_i, p_i\} = \sum_k \left(\frac{\partial p_i}{\partial q_k}\frac{\partial p_j}{\partial p_k} - \frac{\partial p_i}{\partial p_k}\frac{\partial p_j}{\partial q_k} \right) = 0$$

となります．

$\{q_i, p_j\}$については，

$$\{q_i, p_j\} = \sum_k \left(\frac{\partial q_i}{\partial q_k}\frac{\partial p_j}{\partial p_k} - \frac{\partial q_i}{\partial p_k}\frac{\partial p_j}{\partial q_k} \right)$$

より，右辺第二項については，

$$\frac{\partial q_i}{\partial p_k} = 0, \ \frac{\partial p_j}{\partial q_k} = 0$$

であるから，常に

$$\sum_k \frac{\partial q_i}{\partial p_k} \frac{\partial p_j}{\partial q_k} = 0$$

となります．

次に，右辺第一項については，
$i = j$ のとき，

$$\frac{\partial q_i}{\partial q_k} \frac{\partial p_j}{\partial p_k} = \begin{cases} 1(k=i=j) \\ 0(k \neq i, k \neq j) \end{cases}$$

となりますので，

$$\sum_k \frac{\partial q_i}{\partial q_k} \frac{\partial p_j}{\partial p_k} = 1$$

となります．

$i \neq j$ のとき，$\dfrac{\partial q_i}{\partial q_k}$, $\dfrac{\partial p_j}{\partial p_k}$ のいずれか，または，両方が常に 0 となりますので，

$$\sum_k \frac{\partial q_i}{\partial q_k} \frac{\partial p_j}{\partial p_k} = 0$$

となり，まとめると，

$$\begin{aligned}
\{q_i, p_j\} &= \sum_k \left(\frac{\partial q_i}{\partial q_k} \frac{\partial p_j}{\partial p_k} - \frac{\partial q_i}{\partial p_k} \frac{\partial p_j}{\partial q_k} \right) \\
&= \begin{cases} 1(i=j) \\ 0(i \neq j) \end{cases} \\
&= \delta_{ij}
\end{aligned}$$

となります．

4.6 正準変換

ラグランジュの方程式は，一般化座標を変換させても方程式の形は変化しないという大きな特徴を持っていました．

ここでは，ハミルトンの正準方程式が一般化座標，および，一般化運動量の変換によってどのようになるかを見ていきます．

4.6.1 ● 変数変換

簡単のために，q, p の2つの変数のみで考えます．次のような変数変換を考えます．

$$(q, p) \to (Q, P) \tag{4.6.1}$$

これによって，ハミルトニアン $H(q, p)$ も

$$H(q, p) \to K(Q, P) \tag{4.6.2}$$

のように変換を受けます．このとき，変換されたハミルトニアン K によって，ハミルトンの正準方程式

$$\dot{Q} = \frac{\partial K}{\partial P} \tag{4.6.3}$$

$$\dot{P} = -\frac{\partial K}{\partial Q} \tag{4.6.4}$$

が成り立つような変換を<u>正準変換</u>と呼びます．

　ここで，任意の変換に対してQ，および，Pが上記の正準方程式を満たすとは限らないということに注意しましょう．

⚠️ 注意

$$Q_i = Q_i(q_1, \cdots, q_{3N}, p_1, \cdots, p_{3N}, t) \quad (i=1,2,3,\cdots, 3N)$$

$$P_i = P_i(q_1, \cdots, q_{3N}, p_1, \cdots, p_{3N}, t) \quad (i=1,2,3,\cdots, 3N)$$

この変数変換が正準方程式を満たすためには

$$\sum_{i=1}^{3N} \dot{q}_i p_i - H(q_1, \cdots, q_{3N}, p_1, \cdots, p_{3N})$$
$$= \sum_{i=1}^{3N} \dot{Q}_i P_i - K(q_1, \cdots, q_{3N}, p_1, \cdots, p_{3N}) + \frac{dW}{dt}$$

が全微分であることが条件です．

そのことについては143ページもご参照ください．

4.6.2 • 正準変換

　次に，正準変換となるための条件について考えたいと思います．変数がq, pの場合，ラグランジアンLは，ハミルトニアンHを用いて次のように与えられます．

$$L = \dot{q}p - H \qquad (4.6.5)$$

これは，変分原理

$$\delta I = \delta \int_{t_0}^{t_1} L dt = 0 \qquad (4.6.6)$$

を満足させました．

ここで，変数 Q, P, およびハミルトニアン K への変換に対しても上記の変分原理を成立させるためには，

$$L = \dot{q}p - H = \dot{Q}P - K \qquad (4.6.7)$$

となっていればよいのですが，Q, P を変数とする任意の関数 W を用いて，

$$\dot{q}p - H = \dot{Q}P - K + \frac{dW}{dt} \qquad (4.6.8)$$

となっていてもよいのです．その理由は，右辺第三項目の積分

$$\int_{t_0}^{t_1} \frac{dW}{dt} dt \qquad (4.6.9)$$

の値が，始点 $(t=t_0)$ と終点 $(t=t_1)$ での値のみで決まってしまうため (4.7.8) を，(4.6.6) へ代入しても，変分には影響しないからです．ここで，W は母関数と呼ばれます．

任意の関数 W は (4.6.8) の左辺から考えれば，p, q の関数として $W(q, p)$ と表すことができます．しかしながら，p と q は P と Q に変換することができますので，P と Q を変数にして $W(Q, P)$ と表すこともできます．さらには，$W(q, Q)$, $W(q, P)$, $W(p, Q)$ など，組み合わせはどれであってもよいことになります．

ここまで 2 つの変数の場合を考えてきましたが，一般に，一般化座標 $q_1, q_2, q_3, \cdots, q_{3N}$ および，共役な一般化運動量 $p_1, p_2, p_3, \cdots, p_{3N}$ が与えられたとき，次の変数変換

$$Q_i = Q_i(q_1, \cdots, q_{3N}, p_1, \cdots, p_{3N}, t) \quad (i=1,2,3,\cdots, 3N)$$
(4.6.10)

$$P_i = P_i(q_1, \cdots, q_{3N}, p_1, \cdots, p_{3N}, t) \quad (i=1,2,3,\cdots, 3N)$$
(4.6.11)

が正準変換であるためには，

$$\sum_{i=1}^{3N} \dot{q}_i p_i - H(q_1, \cdots, q_{3N}, p_1, \cdots, p_{3N})$$
$$= \sum_{i=1}^{3N} \dot{Q}_i P_i - K(q_1, \cdots, q_{3N}, p_1, \cdots, p_{3N}) + \frac{dW}{dt}$$
(4.6.12)

の関係が成立していることが条件となります．

> わからなくなったら，具体的に $3N$ を $6, 9, \cdots$ などとおいてみましょう．

ここで，(4.6.12) には，q, p, Q, P がそれぞれ $3N$ 個ずつ含まれています．したがって，これに時間 t を加えて合計 $12N+1$ 個の変数が含まれています．

> $3N \times 4 + 1$

4.7 母関数と正準変換の関係

4.6で考えた正準変換について，

$$Q_i = Q_i(q_1, \cdots q_{3N}, p_1, \cdots p_{3N}, t) \quad (i=1,2,3,\cdots 3N)$$

$$P_i = P_i(q_1, \cdots q_{3N}, p_1, \cdots p_{3N}, t) \quad (i=1,2,3,\cdots 3N)$$

の関係を用いて，例えば，$p_1, \cdots, p_{3N}, P_1, \cdots, P_{3N}$ を $q_1, \cdots, q_{3N}, Q_1 \cdots, Q_{3N}, t$ を用いて表すとすると，全ては，q, Q, t の関数となりますので，母関数 W も q, Q, t を変数とする関数 $W(q, Q, t)$ であるとして考えることができます。

簡単のため，q, Q, t のみで考えることにすると，次の式が成り立ちます。

> **考え方**
> 正準変換を作ることができるということです．

$$\frac{dW}{dt} = \frac{\partial W}{\partial t} + \frac{\partial W}{\partial q}\frac{dq}{dt} + \frac{\partial W}{\partial Q}\frac{dQ}{dt}$$

$$= \frac{\partial W}{\partial t} + \frac{\partial W}{\partial q}\dot{q} + \frac{\partial W}{\partial Q}\dot{Q} \quad (4.7.1)$$

したがって，これを，(4.6.13) の場合についての式

$$\dot{q}p - H = \dot{Q}P - K + \frac{dW}{dt} \quad (4.7.2)$$

へ代入すると，

$$\dot{q}p - H(q,p) = \dot{Q}P - K(Q,P) + \frac{\partial W}{\partial t} + \frac{\partial W}{\partial q}\dot{q} + \frac{\partial W}{\partial Q}\dot{Q}$$
(4.7.3)

となり，整理して，右辺が0になるようにすると，

$$\left(p - \frac{\partial W}{\partial q}\right)\dot{q} - \left(P + \frac{\partial W}{\partial Q}\right)\dot{Q} - \left(H(q,p) - K(Q,P) + \frac{\partial W}{\partial t}\right) = 0$$
(4.7.4)

となり，各項が0でなければならないことから，

$\dot{q},\dot{Q}$ の係数が0になるので3つの方程式が成り立つ

$$p - \frac{\partial W}{\partial q} = 0 \qquad (4.7.5)$$

$$P + \frac{\partial W}{\partial Q} = 0 \qquad (4.7.6)$$

$$H(q,p) - K(Q,P) + \frac{\partial W}{\partial t} = 0 \qquad (4.7.7)$$

が導かれます．すなわち，次のようになります．

$$p = \frac{\partial W}{\partial q} \qquad (4.7.8)$$

$$P = -\frac{\partial W}{\partial Q} \qquad (4.7.9)$$

$$H(q,p) = K(Q,P) - \frac{\partial W}{\partial t} \qquad (4.7.10)$$

また，W が時間 t を直接含まない場合は，

$$\frac{\partial W}{\partial t} = 0 \qquad (4.7.11)$$

から，$H = K$ となり，その場合は，ハミルトニアンは正準変換において不変となります．

この条件を，3次元の N 個の質点系に拡張すると，次のようになります（合計で $6N+1$ 個の関係式となります）．

$$p_i = \frac{\partial W}{\partial q_i} \quad (i=1,2,3,\cdots,3N) \qquad (4.7.12)$$

$$P_i = -\frac{\partial W}{\partial Q_i} \quad (i=1,2,3,\cdots,3N) \qquad (4.7.13)$$

$$\begin{aligned}&H(q_1,\cdots,q_{3N},p_1,\cdots,p_{3N}) \\ &= K(q_1,\cdots,q_{3N},p_1,\cdots,p_{3N}) - \frac{\partial W}{\partial t}\end{aligned}$$

$$(4.7.14)$$

この条件を用いることにより，母関数 W から正準変換を導くことができます．

例えば，1番目の式 (4.7.12) から p_i が (q, Q, t) を変数とする関数 $p_i(p, Q, t)$ として求まります．これを逆に解くことにより，求めたかった Q_i が $Q_i(q, p, t)$ の形で得られます．

次に，2番目の式 (4.7.13) から P_i が (q, Q, t) の関数 $P_i(q, Q, t)$ として求まります．ここで，先に求めた $Q_i(q, p, t)$ を用いて，P_i が $P_i(q, p, t)$ の形で得られます．

最後に3番目の式 (4.7.14) から変換による新しいハミルトニアン K が得られますが，これを $K(Q, P, t)$ の形で表すことによって変換が完了します．

このように，W は正準変換を生み出す関数であるため母関数と呼ばれます．

❗Point

母関数が与えられる

↓

対応した正準変換を見つけることができる

4-7 ■ 母関数と正準変換の関係

練習問題 4-6

母関数を q, P, t の関数として表したときの正準変換の条件を求めなさい.

解 答

母関数 W に対して,

$$\frac{dW}{dt} = \frac{\partial W}{\partial t} + \sum_i \frac{\partial W}{\partial q_i}\frac{dq_i}{dt} + \sum_i \frac{\partial W}{\partial P_i}\frac{dP_i}{dt}$$

$$= \frac{\partial W}{\partial t} + \frac{\partial W}{\partial q_i}\dot{q}_i + \frac{\partial W}{\partial P_i}\dot{P}_i \qquad \cdots ①$$

と表すことができます.

正準変換の条件式

$$\sum_i \dot{q}_i p_i - H = \sum_i \dot{Q}P - K + \frac{dW}{dt} \qquad \cdots ②$$

の中に $\dot{P}$ がないため,

$$\frac{d}{dt}(QP) = \dot{Q}P + Q\dot{P}$$

の関係から,次のようになります.

$$\dot{Q}P = \frac{d}{dt}(QP) - Q\dot{P} \quad \text{◁ 移項しただけ}$$

これを②へ代入すると,

$$\sum_i \dot{q}_i p_i - H = \frac{d}{dt}(\sum_i Q_i P_i) - \sum_i Q_i \dot{P}_i - K + \frac{dW}{dt}$$

となり，まとめると

$$\sum_i \dot{q}_i p_i - H = -\sum_i Q_i \dot{P}_i - K + \frac{d}{dt}\left(W + \sum_i Q_i P_i\right) \quad \cdots ③$$

となります．

ここで，

$$W' = W + \sum_i Q_i P_i \quad \cdots ④$$

とおき，新たに母関数 W' を定義すると，③は

$$\sum_i \dot{q}_i p_i - H = -\sum_i Q_i \dot{P}_i - K + \frac{dW'}{dt} \quad \cdots ⑤$$

となります．

ここで，④において，Q は q, P, t を用いて表すことができますので，W' は q, P, t の関数とみなすことができます．したがって，

$$\frac{dW'}{dt} = \frac{\partial W'}{\partial t} + \sum_i \frac{\partial W'}{\partial q_i} \dot{q}_i + \sum_i \frac{\partial W'}{\partial P_i} \dot{P}_i$$

が得られます．これを⑤へ代入してまとめると，

$$\sum_i \dot{q}_i p_i - H = -\sum_i Q_i \dot{P}_i - K + \frac{\partial W'}{\partial t} + \sum_i \frac{\partial W'}{\partial q_i} \dot{q}_i + \sum_i \frac{\partial W'}{\partial P_i} \dot{P}_i$$

より

$$\sum_i \left(p_i - \frac{\partial W'}{\partial q_i}\right)\dot{q}_i + \sum_i \left(Q_i - \frac{\partial W'}{\partial P_i}\right)\dot{P}_i + \left(K - H - \frac{\partial W'}{\partial t}\right) = 0$$

となりますので，

$$p_i = \frac{\partial W'}{\partial q_i}$$

$$Q_i = \frac{\partial W'}{\partial P_i}$$

$$K = H + \frac{\partial W'}{\partial t}$$

となります．ここで，Wは任意の関数でしたから，W'も任意となります．

❗Point

今，変数は次のようになっています．

$$(q, p) \rightarrow (Q, P)$$

よって，2×2とおりの条件が考えられます．

練習問題 4-7

母関数を p, Q, t の関数として表したときの正準変換の条件を求めなさい．

解 答

$$\frac{d}{dt}(qp) = \dot{q}p + q\dot{p}$$

の関係を用いて，正準変換の条件式

$$\sum_i \dot{q}_i p_i - H = \sum_i \dot{Q}P - K + \frac{dW}{dt}$$

を書き直すと，

$$\left(\frac{d}{dt}\sum_i q_i p_i - \sum_i q_i \dot{p}_i\right) - H = \sum_i \dot{Q}P - K + \frac{dW}{dt}$$

より，

$$\sum_i q_i \dot{p}_i + \sum_i \dot{Q}_i P_i + H - K + \frac{d}{dt}\left(W - \sum_i q_i p_i\right) = 0 \quad \cdots ①$$

となります．
ここで，

$$W'' = W - \sum_i q_i p_i$$

（先の問題での W' と区別するため W'' としています）
として，これを p, Q, t の関数とみなして

$$\frac{dW''}{dt} = \frac{\partial W''}{\partial t} + \sum_i \frac{\partial W''}{\partial p_i}\dot{p}_i + \sum_i \frac{\partial W''}{\partial Q_i}\dot{Q}_i$$

を①へ代入すると

$$\sum_i q_i \dot{p}_i + \sum_i \dot{Q}_i P_i + H - K + \frac{\partial W''}{\partial t} + \sum_i \frac{\partial W''}{\partial p_i}\dot{p}_i + \sum_i \frac{\partial W''}{\partial Q_i}\dot{Q}_i = 0$$

$$\sum_i \left(q_i + \frac{\partial W''}{\partial p_i}\right)\dot{p}_i + \sum_i \left(P_i + \frac{\partial W''}{\partial Q_i}\right)\dot{Q}_i + \left(H - K + \frac{\partial W''}{\partial t}\right) = 0$$

となるので,

$$q_i = -\frac{\partial W''}{\partial p_i}$$

$$P_i = -\frac{\partial W''}{\partial Q_i}$$

$$K = H + \frac{\partial W''}{\partial t}$$

練習問題 4-8

母関数を p, P, t の関数として表したときの正準変換の条件を求めなさい．

解 答

$$\frac{d}{dt}(qp) = \dot{q}p + q\dot{p}$$

$$\frac{d}{dt}(QP) = \dot{Q}P + Q\dot{P}$$

の関係を用いて，正準変換の条件式

$$\sum_i \dot{q}_i p_i - H = \sum_i \dot{Q}P - K + \frac{dW}{dt}$$

を書き直すと，

$$\left(\frac{d}{dt}\sum_i q_i p_i - \sum_i q_i \dot{p}_i\right) - H = \left(\frac{d}{dt}(\sum_i Q_i P_i) - \sum_i Q_i \dot{P}_i\right) - K + \frac{dW}{dt}$$

より，

$$\sum_i q_i \dot{p}_i - \sum_i Q_i \dot{P}_i + H - K + \frac{d}{dt}\left(W - \sum_i q_i p_i - \sum_i Q_i P_i\right) = 0 \cdots ①$$

となります．

ここで，

$$W''' = W - \sum_i q_i p_i - \sum_i Q_i P_i$$

として，これを p, P, t の関数とみなして

$$\frac{dW'''}{dt} = \frac{\partial W'''}{\partial t} + \sum_i \frac{\partial W'''}{\partial p_i} \dot{p}_i + \sum_i \frac{\partial W'''}{\partial P_i} \dot{P}_i$$

を①へ代入すると

$$\sum_i q_i \dot{p}_i - \sum_i Q_i \dot{P}_i + H - K + \frac{\partial W'''}{\partial t} + \sum_i \frac{\partial W'''}{\partial p_i} \dot{p}_i + \sum_i \frac{\partial W'''}{\partial P_i} \dot{P}_i = 0$$

$$\sum_i \left(q_i + \frac{\partial W'''}{\partial p_i} \right) \dot{p}_i + \sum_i \left(Q_i - \frac{\partial W'''}{\partial P_i} \right) \dot{P}_i + \left(H - K + \frac{\partial W'''}{\partial t} \right) = 0$$

となるので，

$$q_i = -\frac{\partial W'''}{\partial p_i}$$

$$Q_i = \frac{\partial W'''}{\partial P_i}$$

$$K = H + \frac{\partial W'''}{\partial t}$$

おわりに

　解析力学について書かれた本は非常に多くありますが、どれも難しいものばかりです。
　本書は、あくまでも解析力学を学ぶための基礎について書いたものです。残念ながら本書が理解できただけでは解析力学を理解したことにはなりません。
　少しでもラグランジアンやハミルトニアンなどに対して拒否反応がなくなり、解析力学についてもっとしっかり勉強してみようかなと思っていただければ幸いです。
　そして、より深く勉強し、真の意味で解析力学を理解していただきたいと思います。本書がそのきっかけになれば幸いです。

2010 年 06 月
安里　光裕

■**参考文献**

[1]『解析力学』(宮下精二、裳華房)
[2]『解析力学』(小出昭一郎、岩波書店)

Index

あ

位相空間 116
位置エネルギー 44
一般化運動量 105
一般化座標 94
一般化速度 97
一般化力 103
運動方程式 10
運動量 30
オイラーの方程式 89
オイラーラグランジュ方程式 93

か

角速度 97
仮想仕事の原理 19
仮想的に動かす 12
仮想変位 12
慣性の法則 10
慣性力 22
共役 111
極座標 49
極値 84
クーロン力 35
広義座標 94
拘束力 15

さ

最小作用の原理 94
座標系 24
座標変換 49
作用 93
作用反作用の法則 10
スカラー量 38
正準変換 39
正準変数 116
正準方程式 116
積分 133

た

ダランベールの原理 24
弾性力 35
置換積分 90
直交座標 49
デカルト座標 49
等加速度直線運動 22
等速直線運動 22
トラジェクトリ 125

な

ナブラ 35
ニュートンの運動の法則 10

は

ハミルトニアン 116
ハミルトンの原理 94,130
汎関数 84
部分積分 90
ベクトル演算子 44
変数変換 140
偏微分 11
変分 85
ポアソンの括弧式 135
母関数 142
保存力 35
ポテンシャルエネルギー 35

ら

ラグランジアン 40
ラグランジュの運動方程式 42
ラグランジュの未定乗数法 26
ラジアン 97
ルジャンドル変換 111

◆**著者プロフィール**◆

安里　光裕（あさと　みつひろ）　博士（工学）

1974 年　沖縄県生まれ
2002 年　静岡大学大学院電子科学研究科博士課程終了
2002 年　東京都立工業高等専門学校一般教養科講師
2007 年　新居浜工業高等専門学校数理科准教授（現在に至る）
　　　　 専門は物性理論

●カバーデザイン／小島トシノブ＋齋藤四歩（NONdesign）
●本文デザイン／SeaGrape
●本文レイアウト／有限会社 ハル工房
●イラスト／水口紀美子（有限会社 ハル工房）・時川真一

これでわかった！シリーズ
解析力学の基礎
かいせきりきがく　き そ

2010年8月25日　初版　第1刷発行

著　者	安里 光裕 あさと みつひろ	
発行者	片岡 巌	
発行所	株式会社技術評論社	
	東京都新宿区市谷左内町 21-13	
	電話　03-3513-6150　販売促進部	
	03-3267-2270　書籍編集部	
印刷／製本	株式会社 加藤文明社	

定価はカバーに表示してあります

本書の一部または全部を著作権法の定める範囲を超え、無断で複写、複製、転載、テープ化、ファイル化することを禁じます。

©2010　安里 光裕

造本には細心の注意を払っておりますが、万一、乱丁（ページの乱れ）や落丁（ページの抜け）がございましたら、小社販売促進部までお送りください。送料小社負担にてお取り替えいたします。

ISBN978-4-7741-4311-8　C3042

Printed in Japan

本書の内容に関するご質問は、下記の宛先まで書面にてお送りください。お電話によるご質問および本書に記載されている内容以外のご質問には、一切お答えできません。あらかじめご了承ください。
〒162-0846
新宿区市谷左内町21-13
株式会社技術評論社　書籍編集部
「解析力学の基礎」係
FAX：03-3267-2269